21世纪高等学校规划教材·计算机科学与技术

数据库原理与应用

钟秋燕　黄灿辉　解正梅　编著

清华大学出版社
北　京

内 容 简 介

本书强化知识脉络，内容循序渐进，环环相扣；从培养应用型人才的目标出发，以数据库设计过程和数据库操作为主线，将数据库的原理与实际应用开发有机结合，增强学生的实际动手能力，培养真正满足社会需求的数据库技术人才。

本书共分为9章，第1章主要讲述数据库系统的基本概念以及数据库系统的组成和体系结构，第2章讲述数据库的设计过程；第3章～第5章主要讲述数据库的定义与操作；第6章讲述关系数据库的规范化；第7章讲述数据库系统管理；第8章和第9章讲述数据库的编程。

本书既可作为大中专院校学生学习数据库系统的教材，也可供数据库爱好者参考。

本书封面贴有清华大学出版社防伪标签，无标签者不得销售。
版权所有，侵权必究。举报: 010-62782989, beiqinquan@tup.tsinghua.edu.cn。

图书在版编目(CIP)数据

数据库原理与应用/钟秋燕,黄灿辉,解正梅编著. --北京: 清华大学出版社,2016(2024.2重印)
21世纪高等学校规划教材·计算机科学与技术
ISBN 978-7-302-45000-9

Ⅰ. ①数… Ⅱ. ①钟… ②黄… ③解… Ⅲ. ①关系数据库系统—高等学校—教材 Ⅳ. ①TP311.138

中国版本图书馆CIP数据核字(2016)第213426号

责任编辑: 闫红梅　李　晔
封面设计: 傅瑞学
责任校对: 李建庄
责任印制: 刘海龙

出版发行: 清华大学出版社
网　　址: https://www.tup.com.cn, https://www.wqxuetang.com
地　　址: 北京清华大学学研大厦A座　　　　邮　编: 100084
社 总 机: 010-83470000　　　　　　　　　　邮　购: 010-62786544
投稿与读者服务: 010-62776969, c-service@tup.tsinghua.edu.cn
质量反馈: 010-62772015, zhiliang@tup.tsinghua.edu.cn
课件下载: https://www.tup.com.cn, 010-83470236

印 装 者: 三河市龙大印装有限公司
经　　销: 全国新华书店
开　　本: 185mm×260mm　　印　张: 14　　字　数: 339千字
版　　次: 2016年10月第1版　　　　　　　印　次: 2024年2月第7次印刷
印　　数: 4701～5000
定　　价: 39.00元

产品编号: 063385-02

出版说明

随着我国改革开放的进一步深化,高等教育也得到了快速发展,各地高校紧密结合地方经济建设发展需要,科学运用市场调节机制,加大了使用信息科学等现代科学技术提升、改造传统学科专业的投入力度,通过教育改革合理调整和配置了教育资源,优化了传统学科专业,积极为地方经济建设输送人才,为我国经济社会的快速、健康和可持续发展以及高等教育自身的改革发展做出了巨大贡献。但是,高等教育质量还需要进一步提高以适应经济社会发展的需要,不少高校的专业设置和结构不尽合理,教师队伍整体素质亟待提高,人才培养模式、教学内容和方法需要进一步转变,学生的实践能力和创新精神亟待加强。

教育部一直十分重视高等教育质量工作。2007年1月,教育部下发了《关于实施高等学校本科教学质量与教学改革工程的意见》,计划实施"高等学校本科教学质量与教学改革工程"(简称"质量工程"),通过专业结构调整、课程教材建设、实践教学改革、教学团队建设等多项内容,进一步深化高等学校教学改革,提高人才培养的能力和水平,更好地满足经济社会发展对高素质人才的需要。在贯彻和落实教育部"质量工程"的过程中,各地高校发挥师资力量强、办学经验丰富、教学资源充裕等优势,对其特色专业及特色课程(群)加以规划、整理和总结,更新教学内容、改革课程体系,建设了一大批内容新、体系新、方法新、手段新的特色课程。在此基础上,经教育部相关教学指导委员会专家的指导和建议,清华大学出版社在多个领域精选各高校的特色课程,分别规划出版系列教材,以配合"质量工程"的实施,满足各高校教学质量和教学改革的需要。

为了深入贯彻落实教育部《关于加强高等学校本科教学工作,提高教学质量的若干意见》精神,紧密配合教育部已经启动的"高等学校教学质量与教学改革工程精品课程建设工作",在有关专家、教授的倡议和有关部门的大力支持下,我们组织并成立了"清华大学出版社教材编审委员会"(以下简称"编委会"),旨在配合教育部制定精品课程教材的出版规划,讨论并实施精品课程教材的编写与出版工作。"编委会"成员皆来自全国各类高等学校教学与科研第一线的骨干教师,其中许多教师为各校相关院、系主管教学的院长或系主任。

按照教育部的要求,"编委会"一致认为,精品课程的建设工作从开始就要坚持高标准、严要求,处于一个比较高的起点上。精品课程教材应该能够反映各高校教学改革与课程建设的需要,要有特色风格、有创新性(新体系、新内容、新手段、新思路,教材的内容体系有较高的科学创新、技术创新和理念创新的含量)、先进性(对原有的学科体系有实质性的改革和发展,顺应并符合21世纪教学发展的规律,代表并引领课程发展的趋势和方向)、示范性(教材所体现的课程体系具有较广泛的辐射性和示范性)和一定的前瞻性。教材由个人申报或各校推荐(通过所在高校的"编委会"成员推荐),经"编委会"认真评审,最后由清华大学出版社审定出版。

目前,针对计算机类和电子信息类相关专业成立了两个"编委会",即"清华大学出版社计算机教材编审委员会"和"清华大学出版社电子信息教材编审委员会"。推出的特色精品教材包括:

(1) 21世纪高等学校规划教材·计算机应用——高等学校各类专业,特别是非计算机专业的计算机应用类教材。

(2) 21世纪高等学校规划教材·计算机科学与技术——高等学校计算机相关专业的教材。

(3) 21世纪高等学校规划教材·电子信息——高等学校电子信息相关专业的教材。

(4) 21世纪高等学校规划教材·软件工程——高等学校软件工程相关专业的教材。

(5) 21世纪高等学校规划教材·信息管理与信息系统。

(6) 21世纪高等学校规划教材·财经管理与应用。

(7) 21世纪高等学校规划教材·电子商务。

(8) 21世纪高等学校规划教材·物联网。

清华大学出版社经过三十多年的努力,在教材尤其是计算机和电子信息类专业教材出版方面树立了权威品牌,为我国的高等教育事业做出了重要贡献。清华版教材形成了技术准确、内容严谨的独特风格,这种风格将延续并反映在特色精品教材的建设中。

清华大学出版社教材编审委员会

联系人:魏江江

E-mail:weijj@tup.tsinghua.edu.cn

前言

数据库技术是计算机数据处理与信息管理系统的核心,也是应用最广的技术之一。作为计算机专业的大学生甚至非计算机专业的学生,掌握数据库技术是非常必要的。

本书作者都是从事数据库教学多年并致力于数据库技术及应用和研究的一线教师,在多年教学经验的基础上,理顺知识脉络,精简知识内容,从培养应用型人才的目标出发,以数据库设计过程和数据库操作为主线,将数据库的原理与实际应用开发有机结合,增强学生的实际动手能力,培养真正满足社会需求的数据库技术人才。本书既可作为大中专院校学生学习数据库系统的教材,也可供数据库爱好者参考。

本书分为9章。第1章介绍数据库及其相关的概念;第2章介绍数据库的设计,基于数据库设计;第3章介绍利用SQL对数据库和表结构定义;在建好数据库、表的基础上,第4章和第5章介绍利用SQL语言对数据库的操作,第6章讲述关系数据库的规范化,第7章关系数据库系统管理,第8章和第9章介绍数据库编程技术,实现了学生选课系统的实例;形成从无到有,从理论到实践的体系结构。

本书的第1章、第2章和第9章由钟秋燕编写,第3章、第4章和第8章由解正梅编写,第5章、第6章和第7章由黄灿辉编写。清华大学出版社的编辑详细审阅了书稿,并提出了许多宝贵意见,在此表示衷心的感谢。

本书在编写过程中参考了国内外的同类教材,具体书目见书末参考文献,在此,我们谨向这些教材的编者表示衷心的感谢。

由于编者水平所限,缺点和疏漏之处在所难免,恳请同行专家和广大读者批评指正。

编 者
2016年6月

目　录

第 1 章　数据库系统概述 ··· 1
　1.1　数据管理技术的发展 ·· 1
　　1.1.1　人工管理阶段 ··· 1
　　1.1.2　文件系统管理阶段 ··· 2
　　1.1.3　数据库系统管理阶段 ·· 4
　　1.1.4　高级数据库阶段 ·· 4
　1.2　数据库系统 ·· 5
　　1.2.1　数据库系统的组成 ··· 5
　　1.2.2　数据库系统的特点 ··· 7
　1.3　数据库管理系统 ·· 9
　　1.3.1　SQL Server 2008 简介 ··· 10
　　1.3.2　SQL Server 2008 的组件与功能 ··· 10
　　1.3.3　SQL Server Management Studio ·· 11
　　1.3.4　配置 SQL Server 服务 ··· 12
　　1.3.5　数据库的基本操作 ··· 13
　1.4　数据库系统结构 ·· 18
　　1.4.1　三级模式结构 ··· 18
　　1.4.2　二级映像功能 ··· 20
　本章小结 ··· 21
　习题 1 ·· 21

第 2 章　关系数据库的设计 ··· 23
　2.1　数据库设计概述 ·· 23
　2.2　概念模型的设计 ·· 24
　　2.2.1　E-R 模型的基本概念 ·· 24
　　2.2.2　子类的设计 ·· 28
　　2.2.3　E-R 图设计实例 ·· 28
　2.3　逻辑模型的设计 ·· 31
　　2.3.1　数据结构——关系 ··· 31
　　2.3.2　关系的操作和完整性约束 ·· 35
　　2.3.3　E-R 图向关系模型的转换 ·· 35
　2.4　物理模型的设计 ·· 38

2.4.1 物理结构设计的任务 …… 38
2.4.2 物理结构设计方法 …… 38
2.4.3 学生选课管理数据库的物理设计 …… 39
2.5 数据库的实施与维护 …… 40
2.5.1 数据库实施 …… 40
2.5.2 数据库运行和维护阶段 …… 40
2.6 使用 Management Studio 创建数据表 …… 40
本章小结 …… 44
习题 2 …… 45

第 3 章 关系数据库的定义与完整性的实现 …… 47

3.1 SQL 语言 …… 47
3.1.1 SQL 的特点 …… 47
3.1.2 SQL 的主要功能 …… 48
3.1.3 SQL Server 提供的主要数据类型 …… 49
3.2 关系数据库的定义 …… 50
3.2.1 数据库的创建 …… 50
3.2.2 数据库的删除 …… 53
3.3 SQL 表结构的定义 …… 53
3.3.1 基本表的创建 …… 53
3.3.2 修改表结构 …… 54
3.3.3 删除表 …… 55
3.4 完整性约束 …… 55
3.4.1 实体完整性 …… 56
3.4.2 参照完整性 …… 57
3.4.3 用户定义完整性 …… 58
本章小结 …… 61
习题 3 …… 62

第 4 章 查询、视图与索引 …… 64

4.1 关系代数 …… 64
4.1.1 传统的集合运算 …… 65
4.1.2 专门的关系运算 …… 67
4.2 单表查询 …… 73
4.2.1 基本查询 …… 73
4.2.2 使用列表达式 …… 75
4.2.3 查询满足条件的元组 …… 76
4.2.4 对查询结果进行排序 …… 80
4.2.5 聚合函数 …… 80

4.2.6　GROUP BY 子句 ……………………………………………………… 81
4.3　连接查询 ………………………………………………………………………… 82
　　　4.3.1　内连接查询 …………………………………………………………… 82
　　　4.3.2　自连接查询 …………………………………………………………… 84
　　　4.3.3　外连接查询 …………………………………………………………… 86
4.4　子查询 …………………………………………………………………………… 88
4.5　集合查询 ………………………………………………………………………… 94
4.6　视图 ……………………………………………………………………………… 96
　　　4.6.1　定义视图 ……………………………………………………………… 97
　　　4.6.2　修改和删除视图 ……………………………………………………… 99
　　　4.6.3　查询视图 ……………………………………………………………… 99
　　　4.6.4　更新视图数据 ………………………………………………………… 101
　　　4.6.5　视图的作用 …………………………………………………………… 102
　　　4.6.6　物化视图 ……………………………………………………………… 103
4.7　索引 ……………………………………………………………………………… 104
　　　4.7.1　索引的建立 …………………………………………………………… 104
　　　4.7.2　索引的删除 …………………………………………………………… 105
　　　4.7.3　建立索引的原则 ……………………………………………………… 106
本章小结 ……………………………………………………………………………… 106
习题 4 ………………………………………………………………………………… 107

第 5 章　数据操作 …………………………………………………………………… 109

5.1　数据的插入 ……………………………………………………………………… 109
　　　5.1.1　插入一个元组 ………………………………………………………… 109
　　　5.1.2　插入多个元组 ………………………………………………………… 110
5.2　数据的更改 ……………………………………………………………………… 110
　　　5.2.1　无条件更改 …………………………………………………………… 111
　　　5.2.2　有条件更改 …………………………………………………………… 111
5.3　数据的删除 ……………………………………………………………………… 111
　　　5.3.1　无条件删除 …………………………………………………………… 112
　　　5.3.2　有条件删除 …………………………………………………………… 112
本章小结 ……………………………………………………………………………… 113
习题 5 ………………………………………………………………………………… 113

第 6 章　关系数据库的规范化 ……………………………………………………… 114

6.1　函数依赖 ………………………………………………………………………… 114
　　　6.1.1　关系数据库中的问题 ………………………………………………… 114
　　　6.1.2　函数依赖的基本概念 ………………………………………………… 115
　　　6.1.3　一些术语和符号 ……………………………………………………… 116

6.1.4　关系模式中的码 ……………………………………………………………… 117
　　6.1.5　函数依赖的推理规则 …………………………………………………………… 118
6.2　关系模式的规范化 …………………………………………………………………… 120
　　6.2.1　第一范式 …………………………………………………………………………… 120
　　6.2.2　第二范式 …………………………………………………………………………… 121
　　6.2.3　第三范式 …………………………………………………………………………… 122
　　6.2.4　BC 范式 …………………………………………………………………………… 123
　　6.2.5　将关系规范到 BCNF …………………………………………………………… 124
6.3　模式分解 ………………………………………………………………………………… 125
本章小结 ……………………………………………………………………………………… 127
习题 6 ………………………………………………………………………………………… 128

第 7 章　管理数据库 ……………………………………………………………………… 129

7.1　数据库的安全管理 …………………………………………………………………… 129
　　7.1.1　数据库安全控制的目标 …………………………………………………………… 130
　　7.1.2　数据库安全的威胁 ………………………………………………………………… 130
　　7.1.3　数据库安全问题的类型 …………………………………………………………… 131
　　7.1.4　安全控制模型 ……………………………………………………………………… 131
　　7.1.5　授权和认证 ………………………………………………………………………… 131
　　7.1.6　自主存取控制方法 ………………………………………………………………… 132
　　7.1.7　强制存取控制（MAC）方法 ……………………………………………………… 134
　　7.1.8　视图机制 …………………………………………………………………………… 135
　　7.1.9　审计跟踪 …………………………………………………………………………… 136
　　7.1.10　统计数据库安全性 ……………………………………………………………… 136
7.2　数据库的恢复技术 …………………………………………………………………… 137
　　7.2.1　事务的基本概念 …………………………………………………………………… 137
　　7.2.2　数据库恢复概述 …………………………………………………………………… 139
　　7.2.3　恢复的实现技术 …………………………………………………………………… 141
　　7.2.4　恢复策略 …………………………………………………………………………… 144
　　7.2.5　具有检查点的恢复技术 …………………………………………………………… 145
　　7.2.6　数据库镜像 ………………………………………………………………………… 147
7.3　并发控制 ………………………………………………………………………………… 148
　　7.3.1　并发控制概述 ……………………………………………………………………… 148
　　7.3.2　封锁 ………………………………………………………………………………… 153
　　7.3.3　并发调度可串行化的两个充分条件 ……………………………………………… 156
本章小结 ……………………………………………………………………………………… 158
习题 7 ………………………………………………………………………………………… 159

第 8 章　T-SQL 程序设计与开发 … 161

8.1　T-SQL 程序设计基础 … 161
- 8.1.1　变量 … 161
- 8.1.2　运算符 … 163
- 8.1.3　函数 … 165

8.2　流程控制语句 … 169
- 8.2.1　语句块：BEGIN…END … 170
- 8.2.2　条件执行：IF…ELSE 语句 … 170
- 8.2.3　多分支 CASE 表达式 … 171
- 8.2.4　循环：WHILE 语句 … 172
- 8.2.5　非条件执行：GOTO 语句 … 174
- 8.2.6　调度执行：WAIT FOR … 174

8.3　游标 … 175
- 8.3.1　游标的原理及使用方法 … 175
- 8.3.2　游标应用举例 … 178

8.4　存储过程 … 180
- 8.4.1　存储过程的创建与执行 … 180
- 8.4.2　存储过程的管理与维护 … 182
- 8.4.3　用户自定义函数 … 184

8.5　触发器 … 187
- 8.5.1　触发器的基本概念 … 188
- 8.5.2　创建触发器 … 188
- 8.5.3　管理触发器 … 191

本章小结 … 192

习题 8 … 192

第 9 章　SQL Server 2008 编程应用实例 … 194

9.1　数据库应用结构 … 194
- 9.1.1　客户/服务器结构 … 194
- 9.1.2　浏览器/服务器结构 … 195

9.2　数据访问接口 … 195
- 9.2.1　ODBC … 195
- 9.2.2　ADO … 196
- 9.2.3　JDBC … 197

9.3　数据库应用系统的开发 … 198

9.4　数据库设计 … 199
- 9.4.1　数据的需求分析 … 199
- 9.4.2　概念模式设计 … 199

9.4.3 逻辑模式设计…………………………………………………………………200
9.4.4 物理模型的设计…………………………………………………………………200
9.4.5 数据库的实施……………………………………………………………………201
9.5 系统实现………………………………………………………………………………203
本章小结……………………………………………………………………………………208
习题9………………………………………………………………………………………208

参考文献………………………………………………………………………………209

第 1 章 数据库系统概述

随着信息管理水平的不断提高,信息资源已成为企业的重要财富和资源,用于信息管理的数据库技术也得到很大的发展,其应用领域也越来越广泛。数据库的应用形式日益多样,从小型事务处理到大型信息系统,从联机事务处理到联机分析处理,从一般企业管理到计算机辅助设计与制造(CAD/CAM),乃至全地理信息系统等都应用了数据库技术。数据库技术已经渗透到人们日常生活的方方面面,比如用信用卡购物,飞机、火车订票系统,图书馆对书籍从借阅的管理等无一不使用了数据库技术。数据库的建设规模、数据库中信息量的大小以及使用的程度已经成为衡量企业乃至国家的信息化程度的重要标志。

简单地说,数据库技术就是研究如何科学地管理数据,以便为人们提供可共享的、安全的、可靠的数据的技术。数据库技术一般包括数据管理和数据处理两部分内容。

数据库系统实质上是一个用计算机存储数据的系统,可以将数据库看作一个电子文件柜,也就是说,数据库是收集数据文件的仓库或容器。

1.1 数据管理技术的发展

数据管理是指对数据进行分类、组织、编码、存储、检索和维护,它是数据处理的核心。而数据处理是指对各种数据进行收集、存储、加工和传播的一系列活动的总称。

在计算机产生之前,对数据的管理只能是手工和机械的方式。在计算机问世以后,在应用需求的驱动下,在计算机硬件、软件发展的支撑基础上,数据管理技术经历了人工管理、文件系统管理和数据库管理 3 个阶段。

1.1.1 人工管理阶段

在人工管理阶段(20 世纪 50 年代中期以前),计算机主要用于科学计算。硬件方面的状况是,外部存储器只有磁带、卡片和纸带等,还没有磁盘等直接存取存储设备,所以数据不能联机保存。软件方面还没有出现操作系统,尚无数据管理软件,应用程序(用户)负责数据管理,可以对数据进行批处理,如图 1.1 所示。由于数据管理是由用户自己完成,因此称为人工管理。人工管理数据具有如下特点。

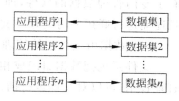

图 1.1 人工管理阶段应用程序与数据之间的对应关系

1. 数据不保存

计算机主要用于计算,并不对数据进行其他操作,也没有磁盘等直接存取设备,数据不保存在计算机系统中,程序中的数据,随着程序的运行完成,其所占用的内存空间同指令所占用的内存空间一起释放,退出计算机系统。

2. 数据的管理者是应用程序

数据需要由应用程序自己设计、说明(定义)和管理,程序员在编写程序时,要规定数据的存储结构、存取方法和输入方式等。

3. 数据的共享程度:无共享、冗余度极大

数据完全面向特定的应用程序,数据的产生和存储依赖于定义和使用数据的程序。多个程序使用相同数据时,也必须各自定义,数据不能共享,造成数据的重复存储,产生数据冗余。

4. 数据的独立性:不独立,完全依赖于程序

数据独立性包括数据的物理独立性和数据的逻辑独立性。物理独立性是指用户的应用程序与数据的存储结构是相互独立的,当数据的存储位置或者存储结构改变了,应用程序不需要发生改变。逻辑独立性是指用户的应用程序与数据的逻辑结构是相互独立的,即当数据的逻辑结构改变时,比如增加列或者删除列,用户程序也可以不变。

在人工管理阶段,没有专门的软件对数据进行管理,程序直接面向存储结构,当数据的存储结构发生变化时,应用程序必须做相应的修改,对数据进行重新定义。因此程序员的负担很重。

1.1.2 文件系统管理阶段

文件系统管理阶段是指 20 世纪 50 年代后期到 20 世纪 60 年代中期这一阶段。从那时起,计算机不仅大量用于科学计算,也开始大量用于信息管理。在计算机硬件方面,有了磁盘、磁鼓等直接存取设备;在计算机软件方面,已经有了操作系统和高级语言,操作系统中有了专门管理数据的软件,即文件管理系统;在数据处理方式上,不仅可以进行批处理,而且还能进行联机实时处理。文件系统管理数据有如下特点。

(1) 数据由文件系统管理。

文件系统把数据组织成相互独立的数据文件,利用"按文件名访问,按记录进行存取"的管理技术,可以对文件进行插入、删除和修改操作。文件系统实现了记录内的有结构,但整体无结构。程序和数据之间由文件系统提供存取方法进行转换,是应用程序与数据之间有了一定的独立性,程序员可以不必过多地考虑物理细节。

(2) 数据可以长期保存。

数据可以以"文件"的形式长期保存在磁盘等外部存储器上,应用程序可通过文件系统对磁盘上的文件中的数据进行管理。

现在看一下文件管理方式下的数据的操作模式。假设现在用系统来实现对学生进行管理的程序,在此系统中,要对学生的基本信息和选课情况进行管理;在管理学生况信息包括学生的基本信息、课程的基本信息和学生的选课信息。假设用 F2 和 F3 两个文件分别存储课程基本信息和学生选课信息。学生选课情况管理中涉及的学生基本信息可以使用学生基本信息管理系统中的 F1 文件。假设实现学生基本信息管理功能的应用程序叫 A1,实现学生选课管理功能的应用程序叫 A2,则学生的基本信息和选课情况可用图 1.2 表示。

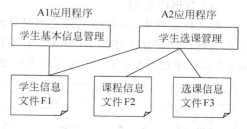

图 1.2　文件管理系统实例

假设 F1、F2 和 F3 文件分别包含如下信息:
F1 包含学号、姓名、性别、出生日期、所在系、专业、所在班、特长、家庭住址。
F2 包含课程号、课程名、授课学期、学分、课程性质。
F3 包含学号、姓名、所在系、课程号、课程名、修课类型、修课时间、考试成绩。

我们将文件中所包含的每一个子项称为文件结构中的字段或列,将每一行数据称为一个记录。

"学生选课管理"系统的处理过程大致为:在学生选课管理系统中,若有学生选课,则先查 F1 文件,判断有无此学生。若有此学生,则再访问 F2 文件,判断其所选的课程是否存在。若课程也存在,就将学生选课信息写到 F3 文件中。

这看起来似乎很好。但仔细分析一下,就会发现使用文件管理系统管理数据有如下一些缺点。

(1) 数据冗余大。

假设 A2 需要用到 F3 文件中包含的学生的所有或大部分信息,比如,除了学号之外,还需要姓名、性别、专业、所在系等信息,而 F1 个也包含了这些信息,因此 F3 和 F1 文件中有重复的信息,但这些重复的信息只是不同文件的部分内容,因此很难在两个文件中共用这些公共信息,从而造成数据的重复,即数据的冗余。

(2) 数据不一致性。

数据冗余不仅会造成存储空间的浪费;其实,随着计算机硬件技术的飞速发展,存储容量不断扩大,空间问题已经不是解决问题时需要关心的主要问题,更为严重的是造成了数据的不一致。例如,假设某个学生所学的专业发生了变化,我们一般只会想到在 F1 文件中进行修改,而往往忘记在 F3 中要进行同样的修改。这样就会造成同一名学生在 F1 文件和 F3 文件中的"专业"不一样,也就是数据不一致。

(3) 程序和数据之间的独立性差。

文件和记录的结构通常是应用程序代码的一部分,如 C 语言的结构(struct)。文件结构每进行一次修改,比如添加字段、删除字段甚至是修改字段的长度(如电话号码从7位扩到8位),都要对应用程序进行相应的修改,因为我们在打开文件读取数据时,必须要将文件记录中的不同字段的值对应到程序变量中。随着应用环境和需求的变化,修改文件的结构是不可避免的事情,这样就需要在应用程序中进行相应的修改,也就是说,程序和数据之间的独立性差。频繁修改应用程序是很麻烦的。

(4) 数据联系弱。

在文件系统中,文件与文件之间是彼此独立、毫不相干的,文件之间的联系必须通过程序来实现。比如在上述的F1和F3文件中,F3文件中的学号、姓名等学生的基本信息必须是F1文件中已经存在的(即选课的学生必须是已经存在的学生)。同样,F3中的课程号等与课程有关的基本信息也必须是F2文件中已经存在的。这些数据之间的联系是客观需求当中所要求的很自然的联系。但文件系统本身不具备自动实现这些联系的功能,所以必须通过应用程序来保证这些联系,也就是说,必须编写代码来手工地保证这些联系。

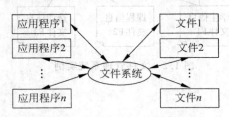

图1.3 文件系统阶段应用程序与数据之间的对应关系

图1.3描述了文件系统阶段应用程序与数据之间的对应关系。

1.1.3 数据库系统管理阶段

20世纪60年代后期以来,计算机应用范围越来越广泛,数据量急剧增加,计算机管理数据的规模越来越大,同时多种应用同时共享数据集合的要求也越来越强烈。随着大容量磁盘的出现,硬件价格不断下降,软件价格不断攀升;数据处理方式是,联机实时处理要求更多,并开始提出和开始考虑分布式处理。在这种背景下,以文件方式管理数据已经不能满足应用的需求,于是出现了新的数据管理技术,即数据库技术;同时出现了专门管理数据的软件:数据库管理系统(DataBase Manager System,DBMS)。数据库的数据不再面向某个应用程序,而是面向整个企业或者整个应用,它克服了人工管理阶段和文件管理阶段的缺陷,图1.4示意了这种系统的特点,1.2节将详细阐述数据库相关知识。

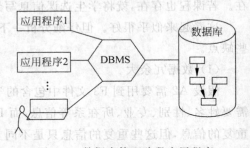

图1.4 数据库管理阶段应用程序与数据之间的对应关系

1.1.4 高级数据库阶段

从20世纪80年代开始,数据库系统的技术也在不断地完善和发展,有关数据库的新的研究课题不断取得进展,如分布式数据库、Web数据库、XML数据库的应用日益成熟。传统数据库并未专为数据分析而设计,数据仓库专用设备的兴起(Data Warehouse Appliance),如Teradata、Netezza、Greeplum、Sybase IQ等等,正表明面向事务性处理的传统数据库和面向分析的分析型数据库走向分离,泾渭分明。数据仓库专用设备,一般都会采用软硬一体，以提供最佳性能。这类数据库会采用更适于数据查询的技术，以列式存储或 MPP(大规模并行处理)两大成熟技术为代表。另外，新兴的互联网企业也在尝试一些新技术，比如 MapReduce 技术(这要感谢 Google 公司将它发扬光大)，Yahoo 的开源小组开发出 Hadoop，就是一种基于 MapReduce 技术的并行计算框架。在 2008 年之前，Facebook 就在 Hadoop 基础上开发出类似数据仓库的 Hive，用来分析点击流和日志文件。几年下来，基于 Hadoop 的整套数据仓库解决方案已日臻成熟。目前在国内也有不少应用，尤其在互联网行业的数据分析，很多就是基于这个开源方案，比如淘宝的数据魔方。而在一些商业性的产品中，也已经融入 MapReduce 技术，如 AsterData。

随着大数据时代的到来，数据类型非常丰富，比如文本、语音、图像、社交网络、地理位置。用关系型数据库存储这类数据，再深入去分析挖掘这些数据，开始让人感到有些麻烦。

于是，越来越多的 NoSQL 数据库涌现出来，其中很大一部分是用于分析用途。比如西班牙有个小厂商，叫 illumnate，他们拥有一个叫 Correlation DBMS 的数据库产品。它不像关系数据库那样按照表、字段存储，那样冗余很大。CDBMS 的做法是，针对每个不同的值，只有一个地方存储，而所有对这个值的引用，都在索引中记录。比如有个客户的姓名叫"张三"，而还有一个公司名字也叫"张三"，那么在 CDBMS 里面，只存有一个"张三"的值，但在索引里面记录了有两个地方引用它。这种数据库是专门为分析而设计的。因为不存储冗余数据，所以它对于海量数据，非常节省空间。如果说这还不够吸引人的话，另一个突出的优点就是做 ad-hoc 查询非常快捷。

随着计算机技术的发展和各种应用的普及，数据库技术还会朝着支持更大规模、更快的速度、更广泛的应用等方向发展。

1.2 数据库系统

1.2.1 数据库系统的组成

数据库系统(DataBase System，DBS)是指在计算机系统中引入数据库后的系统。一般包括 4 个主要部分：数据库、数据库管理系统、应用程序和数据库管理员。如图 1.5 所示，其中数据库管理系统是核心，应用程序对数据库的所有操作都由数据库管理系统来完成。

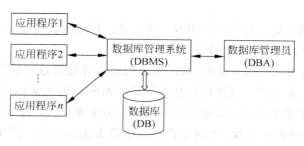

图 1.5　数据库系统简图

1. 数据库（DataBase，DB）

数据库，顾名思义，是存放数据的仓库。只不过这个仓库是在计算机存储设备上，而且数据是按一定的格式存放的。

严格地讲，数据库是长期存储在计算机内，有组织的、可共享的数据和数据对象（如表、视图、存储过程和触发器）的集合，这种集合按一定的数据模型（或结构）组织、描述和存储，同时能以安全和可靠的方法进行数据的检索和存储。

概括地讲，数据库数据具有永久存储、有组织和可共享 3 个基本特点。

2. 数据库管理系统

数据库管理系统是那个位于用户与操作系统之间的一层数据管理软件。数据库系统如何科学地组织和存储数据，如何高效地获取和维护数据，都由数据库管理系统来完成。因此，它是整个数据库系统的核心。

3. 应用程序

应用程序是指以数据库以及数据库数据为基础的应用程序。比如图书馆管理系统、学生选课系统等。

4. 数据库管理员

数据库管理员负责数据库的规划、设计、协调、维护和管理等工作，主要保证数据库正确和高效的运行。

除了数据库管理员，数据库系统用户还包括两类用户，这些用户之间可以有重叠。这两类用户包括：

1) 应用程序开发人员

应用程序开发人员是负责编写数据库应用程序的人员。他们使用某种程序设计语言来编写应用程序，这些语言可以是 C#、Java 等。这些程序通过 DBMS 发出 SQL(访问数据库的通用语言，将在后续章节中介绍)请求。程序可以是批处理应用程序，也可以是联机应用程序，其目的是运行最终用户通过联机工作站或终端访问数据库。

2) 最终用户

最终用户是数据库应用程序的使用者。从联机工作站或者终端上通过数据库应用程序完成与数据库的交互以及对数据的操作。

除了上述这些最基本的组成之外，数据库系统还需要运行这些软件所需的计算机硬件环境和操作系统环境的支持。硬件环境是指保证数据库系统正常运行的最基本的内存、外存等硬件资源。操作系统环境指数据库管理系统作为系统软件是建立在一定的操作系统环境之上的，没有合适的操作系统，数据库管理系统是无法运行的。图 1.6 是数据库系统的组成。

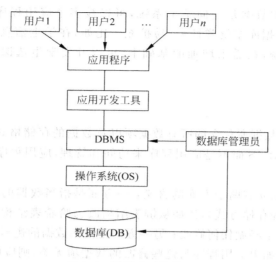

图 1.6　数据库系统的组成

1.2.2　数据库系统的特点

在学习了数据库的系统组成以后，接下来了解数据库系统的特点。

与人工管理和文件系统相比，数据库系统的特点主要体现在以下几个方面。

1. 数据结构化

数据库系统实现整体数据的结构化，这是数据库的主要特征之一，也是数据库系统与文件系统的本质区别。

所谓"整体"结构化，是指在数据库中的数据不再仅仅针对某一应用，而是面向全组织；不仅数据结构内部是结构化的，而且整体是结构化的，数据之间是具有联系的。

整体结构化体现在：关系数据库的所有数据均以二维表的形式来存储数据，不存在其他形式的数据结构。

在关系数据库中，可以利用参照完整性来保证数据之间的联系如果向选课记录中增加一个学生的考试成绩，如果该学生并没有出现在学生记录里面，数据库管理系统则拒绝执行该插入操作，从而保证数据的正确性，在文件系统中，则必须由程序员来在应用程序中写代码实现。

2. 数据的共享性高，数据冗余度低、易扩充

数据库系统从整体角度看待和描述数据，数据不再面向某个应用，而是面向整个系统，因此数据可以被多个用户、多个应用程序共使用。数据共享可以大大减少数据冗余，节约存储空间，从而避免数据之间的不相容性和不一致性。

数据不一致性是指统一数据的不同副本的值不一样。采用人工管理或文件系统管理时，由于数据被重复存储，当不同的应用使用和修改不同的副本时就很容易造成数据的不一致。在数据库中数据共享，减少了由于数据冗余造成的数据不一致。

由于数据库系统的数据是面向整个系统，可以被多个应用程序共享，而且容易增加新的应用，这就使得数据库系统弹性大，易扩充。比如，在学生信息数据库的基础上已经有了学生信息管理系统，在需求增加的基础上，可以开发学生选课系统来使用学生信息数据库。

3．数据独立性高

在数据库系统中，数据所包含的所有数据项以及数据的存储格式都与数据一起存储在数据库中，它们通过DBMS而不是应用程序来访问和管理，应用程序不再需要处理文件和记录的格式。

程序与数据相互独立有两个方面的含义：一方面是指当数据的存储方式发生改变（这里包含逻辑存储和物理存储方式），比如从链表结构改为哈希表结构，或者是顺序和非顺序之间的转换，应用程序不必做任何修改；另一方面是指当数据的逻辑结构发生变化，比如增加或减少一些数据项，如果应用程序与这些修改的数据项无关，则应用程序无须修改。这些变化都由DBMS负责。在大多数情况下，应用程序并不知道数据存储方式或数据项何时已经发生了变化。

4．数据由DBMS统一管理和控制

数据库的共享是并发共享，即多个用户可以同时存取数据库中的数据甚至可以同时存取数据中的同一数据。

为此，DBMS必须提供以下几方面的数据控制功能。

1）数据的安全性保护

数据的安全性是指保护数据，以防止不合法的使用造成数据的泄密和破坏。使每个用户只能按规定，对某些数据以某些方式进行使用和处理。

2）数据的完整性检查

数据的完整性指数据的正确性、有效性和相容性。完整性检查将数据控制在有效的范围内，或保证数据之间满足一定的关系。

3）并发控制

当多个用户的并发进程同时存取、修改数据库时，可能会发生相互干扰而得到错误的结果或使得数据库的完整性遭到破坏，因此必须对多用户的并发操作加以控制和协调。

4）数据库恢复

计算机系统的硬件故障、软件故障、操作员的失误以及故意的破坏也会影响数据库中数据的正确性，甚至造成数据库部分或全部数据的丢失。DBMS必须具有将数据库从错误状态恢复到某一已知的正确状态的功能，这就是数据库的恢复功能。

数据库技术发展到今天，已经是一门成熟的技术。综上所述，数据库是长期保存在计算机内有组织的大量的共享的数据集合。它可以供各种用户共享，具有最小冗余和较高的数据独立性。DBMS在数据库建立、运行和维护时对数据库进行统一控制，以保证数据库的完整性、安全性，并在多用户同时使用数据库时进行并发控制，在发生故障后对数据库进行恢复。

1.3 数据库管理系统

数据库系统的核心是数据库管理系统。一个好的数据库系统如何科学地组织和存储数据,如何高效地获取和维护数据,取决于数据库管理系统的选择。数据库管理系统是一种为管理数据库而设计的软件系统,具有代表性的数据库管理系统有 Oracle、Microsoft SQL Server、MySQL 及 PostgreSQL 等。通常数据库管理员会通过数据库管理系统来建立数据库系统。

数据库管理系统的主要功能包括以下几个方面。

1. 数据定义

DBMS 提供数据定义语言(Data Definition Language,DDL),用户通过 DDL 可以方便地对数据库中的对象进行定义,同时可以定义数据库的三级结构、两级映像,定义数据的完整性约束、保密限制等制约。因此,在 DBMS 中应该包括 DDL 的编译程序。

2. 数据操纵功能

DBMS 提供数据操纵语言(Data Manipulation Language,DML),用户可以通过 DML 实现对数据库中数据的基本操作,如查询、插入、删除和修改等。

3. 数据库的保护功能

数据库中的数据是信息社会的战略资源,对数据的保护是至关重要的大事。DBMS 对数据库的保护主要通过数据库的恢复、数据库的并发控制、数据库的完整性控制、数据库的安全性控制 4 个方面。

4. 数据库的存储管理

DBMS 的存储管理子系统提供了数据库中数据和应用程序一个界面,其职责是把各种 DML 语句转换成底层的文件系统命令,起到数据存储、检索和更新的作用。

5. 数据库的维护功能

DBMS 中实现数据库维护功能的实用程序主要有数据加载程序、备份程序、文件重组程序、性能监控程序。

6. 数据字典

数据库系统中存放三级结构定义的数据库成为数据字典,对数据库的操作都要通过访问 DD 才能实现。

数据库管理系统是数据系统的一个重要组成部分,本书将以微软公司的 SQL Server 2008 为例进行讲解。

1.3.1 SQL Server 2008 简介

1. SQL Server 2008 企业版

SQL Server 2008 企业版是一个全面的数据管理和业务智能平台,为关键业务应用提供了企业级的可扩展性、数据仓库、安全、高级分析和报表支持。这一版本将提供更加坚固的服务器和执行大规模在线事务处理。

2. SQL Server 2008 标准版

SQL Server 2008 标准版是一个完整的数据管理和业务智能平台,为部门级应用提供了最佳的易用性和可管理特性。

3. SQL Server 2008 工作组版

SQL Server 2008 工作组版是一个值得信赖的数据管理和报表平台,用于实现安全的发布、远程同步和对运行分支应用的管理能力。这一版本拥有核心的数据库特性,可以很容易地升级到标准版或企业版。

4. SQL Server 2008 Web 版

SQL Server 2008 Web 版是针对运行于 Windows 服务器中要求高可用性、面向 Internet Web 服务的环境而设计。这一版本为实现低成本、大规模、高可用性的 Web 应用或客户托管解决方案提供了必要的支持工具。

5. SQL Server 2008 开发者版

SQL Server 2008 开发者版允许开发人员构建和测试基于 SQL Server 的任意类型应用。这一版本拥有所有企业版的特性,但只限于在开发、测试和演示中使用。基于这一版本开发的应用和数据库可以很容易地升级到企业版。

6. SQL Server 2008 Express 版

SQL Server 2008 Express 版是 SQL Server 的一个免费版本,它拥有核心的数据库功能,其中包括了 SQL Server 2008 中最新的数据类型,但它是 SQL Server 的一个微型版本。这一版本是为了学习、创建桌面应用和小型服务器应用而发布的,也可供 ISV 再发行使用。

1.3.2 SQL Server 2008 的组件与功能

SQL Server 2008 系统由 4 个主要部分组成,这 4 个部分被称为 4 个服务,分别是上面的数据引擎、分析服务、报表服务和集成服务。这些服务之间相互依存。

1. 数据库引擎

数据库引擎是(SQL Server Database Engine,SSDE)是 SQL Server 2008 系统的核心服务,负责完成业务数据的存储、处理、查询和安全管理等操作。例如,创建数据库、创建表、执行各种数据查询、访问数据库等操作都是由数据库引擎完成的。在大多数情况下,使用数据库系统实际上就是使用数据库引擎。例如,在某个使用 SQL Server 2008 系统作为后台数据库的航空公司机票销售信息系统中,SQL Server 2008 系统的数据库引擎服务负责完成机票数据的添加、更新、删除、查询及安全控制等操作。

2. 分析服务

分析服务(SQL Server Analysis Server,SSAS)提供了多维分析和数据挖掘功能,可以支持用户建立数据库和进行商业智能分析。相对于多维分析(有时也称为 OLAP,即 Online Analysis Processing,中文直接为联机分析处理)来说,OLTP (Online Transaction Processing,联机事务处理)是由数据库引擎负责完成的,使用 SSAS 服务,可以设计、创建和管理包含来自于其他数据源数据的多维结构,可以对多维数据进行多角度的分析,可以支持管理人员对业务数据的全面的理解。另外,通过使用 SSAS 服务,用户可以完成数据挖掘模型的构造和应用,实现知识发现、知识表示、知识管理和知识共享。

3. 报表服务

报表服务(SQL Server Reporting Services,SSRS)为用户提供了支持 Web 的企业级的报表功能。通过使用 SQL Server 2008 系统提供的 SSRS 服务,用户可以方便地定义和发布满足自己需求的报表。无论是报表的局部格式,还是报表的数据源,用户都可以轻松地实现,这种服务极大地便利了企业的管理工作。满足了管理人员高效、规范的管理需求。

4. 集成服务

集成服务(SQL Server Integration Serives,SSIS)是一个数据集成平台,可以完成有关数据的提取、转换、加载等。例如,对于分析服务来说,数据库引擎是一个重要的数据源,如何将数据源中的数据经过适当的处理加载到分析服务汇中,以便进行各种分析处理,正式 SSIS 服务索要解决的问题。重要的是 SSIS 服务可以高效地处理各种各样的数据源,除了 SQL Server 数据之外,还可以处理 Oracle、Excel、XML 文档、文本文件等数据源中的数据。

在本课程里面,主要是对数据引擎的操作,通过数据引擎来完成业务数据的存储、处理、查询和安全管理等操作。其他的几个操作主要是在进行数据仓库与数据挖掘操作时使用。

1.3.3 SQL Server Management Studio

SQL Server Management Studio(SQL Server 集成管理器,SSMS)是 SQL Server 2008 中最重要的工具,用于访问、配置、管理和开发 SQL Server 的所有组件。SQL Server Management Studio 将大量图形工具和丰富的脚本编辑器组合在一起,将以前版本的企业管理器、Analysis Manager 和 SQL 查询分析器的功能集于一身,使各种技术水平的开发人员和管理人员都能访问 SQL Server。

单击"开始"→"所有程序"→ SQL Server 2008 → Management Studio 命令,打开 Management Studio 窗体,并首先弹出"连接到服务器"对话框。在"连接到服务器"对话框中,采用默认设置(Windows 身份验证),再单击"连接"按钮。默认情况下,Management Studio 中将显示三个组件窗口,如图 1.7 所示。

数据库原理与应用

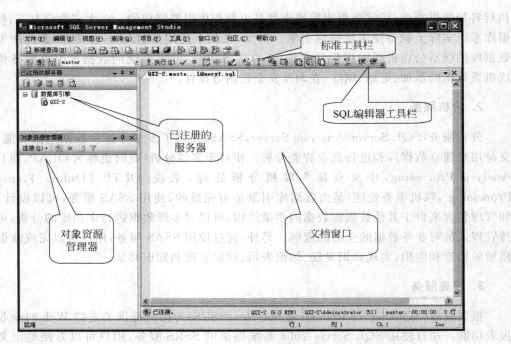

图 1.7 SQL Server Management Studio 的窗体布局

"已注册的服务器"窗口列出的是经常管理的服务器。可以通过右击服务器,对服务器进行"启动""停止""重新启动"等操作。

"对象资源管理器"是服务器中所有数据库对象的树视图。此树视图可以包括 SQL Server Database Engine、Analysis Services、Reporting Services、Integration Services 和 SQL Server Mobile 的数据库。对象资源管理器包括与其连接的所有服务器的信息。打开 Management Studio 时,系统会提示用户将对象资源管理器连接到上次使用的设置。可以在"已注册的服务器"组件中双击任意服务器进行连接或在任意服务器上右击并在"连接"菜单中单击"对象资源管理器"命令,而要连接的服务器是无须再注册的。

在 SQL Server Management Studio 启动以后,可以通过单击工具栏上的"新建查询"按钮来打开一个新的"查询编辑器"窗格,在代码编辑器窗口,可以舒服 SQL 语句并执行。执行后,查询编辑器会出现 3 个窗格,包括"代码编辑器"窗格、"结果"窗格、"消息"窗格。

1.3.4 配置 SQL Server 服务

1. 使用 SQL Server 2008 配置管理器启动 SQL Server 服务

选择"开始"→"程序"→Microsoft SQL Server 2008→"配置工具"→"SQL Server 配置管理器",打开 SQL Server 配置管理器,在 SQL Server 配置管理器中,单击"SQL Server 服务"选项,在右侧的详细信息窗格中,右击 SQL Server(MSSQLSERVER)选项,在弹出的快捷菜单中,单击"启动"选项,如图 1.8 所示;同样还可以实现"停止"、"暂停"等服务。

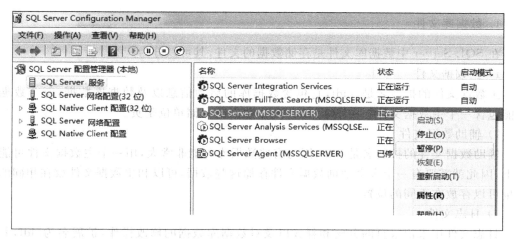

图 1.8 使用 SQL Server 2008 配置管理器启动 SQL Server 服务

2．使用操作系统启动 SQL Server 服务

选择"开始"→"控制面板"→"管理工具"→"服务"选项，打开"服务"窗口，如图 1.9 所示。同样右击 SQL Server(MSSQLSERVER)选项，在弹出的快捷菜单中，进行"启动"、"停止"、"暂停"操作等。

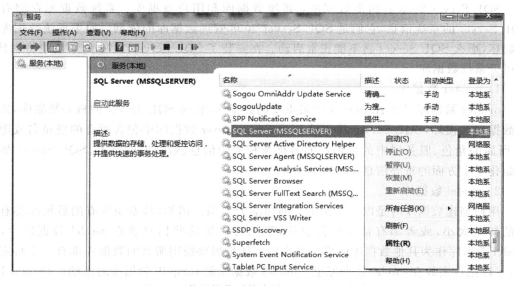

图 1.9 使用操作系统启动 SQL Server 服务

1.3.5 数据库的基本操作

SQL Server 2008 将数据保存在数据库中，并为用户提供了访问这些数据的接口。对数据库的基本操作包括创建、查看、修改和删除数据库等。在学习这些操作之前，先来了解一下数据库文件和 SQL Server 系统数据库。

1. 数据库文件

在 SQL Server 中数据库文件是存储数据的文件,其可以分为三类。

1) 主数据文件

主数据文件的扩展名是.mdf,它包含数据库的启动信息以及数据库数据,每个数据库只能包含一个主数据文件。在 SQL Server 中数据的存储单位是页。

2) 辅助数据文件

辅助数据文件的扩展名是.ndf,因为有些数据库可能非常大,用一个主数据文件可能放不下,因此就需要有一个多个辅助数据文件存储这些数据,可以和主数据文件放在相同的位置也可以存放在不同的位置。

3) 日志文件

日志文件用来记录页的分配和释放以及对数据库数据的修改操作,扩展名为.ldf,其中包含用于恢复数据库的日志信息。每个数据库必须至少有一个日志文件,也可以有多个。

创建数据库时,一个数据库至少包含一个主数据文件和一个或多个日志文件,还可能包含一些辅助数据文件。这些文件默认的位置为\program files\Microsoft SQL Server\MSSQL\Data 文件夹。

2. SQL Server 系统数据库

SQL Server 2008 有两类数据库:系统数据库和用户数据库。系统数据库存储有关 SQL Server 的系统信息,它们是 SQL Server 2008 管理数据库的依据。如果系统数据库遭到破坏,那么 SQL Server 将不能正常启动。在安装了 SQL Server 2008 的系统中将创建 4 个可见系统数据库。

1) master 数据库

master 数据库是 SQL Server 中最重要的数据库,它是 SQL Server 的核心数据库,如果该数据库被损坏,SQL Server 将无法正常工作,master 数据库中包含所有的登录名或用户 ID 所属的角色、服务器中的数据库的名称及相关的信息、数据库的位置、SQL Server 如何初始化 4 个方面的重要信息。

2) model 数据库

用户创建数据库时是以一套预定义的标准为模型。例如,若希望所有的数据库都有确定的初始大小,或者都有特定的信息集,那么可以把这些信息放在 model 数据库中,以 model 数据库作为其他数据库的模板数据库。如果想要使用所有的数据库都有一个特定的表,可以把该表放在 model 数据库里。model 数据库是 tempdb 数据库的基础。对 model 数据库的任何改动都将反映在 tempdb 数据库中,所以,在决定对 model 数据库有所改变时,必须预先考虑好。

3) msdb 数据库

msdb 数据库给 SQL Server 代理提供必要的信息来运行作业,其供 SQL Server 2008 代理程序调度警报作业以及记录操作时使用。

4) tempdb 数据库

tempdb 数据库用作系统的临时存储空间,其主要作用是存储用户建立的临时表和临时存储过程,存储用户说明的全局变量值,为数据排序创建临时表,存储用户利用游标说明所筛选出来的数据。

3. 创建数据库

执行"开始"→"程序"→Management SQL Server 2008→SQL Server Management Studio 命令,打开 SQL Server Management Studio 窗口,并使用 Windows 或 SQL Server 身份验证建立连接。

在"对象资源管理器"窗口中展开服务器,然后选择"数据库"节点。右击"数据库"节点,在弹出来的快捷菜单中执行"新建数据库"命令。执行上述操作后,会弹出"新建数据库"对话框。在对话框左侧有 3 个选项,分别是"常规""选项"和"文件组"。完成这 3 个选项中的设置会后,就完成了数据库的创建工作,在"数据库名称"文本框中输入要新建数据库的名称。例如,这里输入 students。

在"数据库文件"列表中包括两行:一行是数据库文件,而另一行是日志文件。通过单击下面的"添加""删除"按钮添加或删除数据库文件,如图 1.10 所示。

图 1.10 新建数据库

"逻辑名称"指定该文件的文件名。
"文件类型"用于区别当前文件是数据文件还是日志文件。
"文件组"显示当前数据库文件所属的文件组。一个数据只能存在一个文件组里。
"初始大小"指定该文件的初始容量。默认值为 3MB,日志默认值为 1MB。

"自动增长"用于设置文件的容量不够用时,文件根据何种增长方式自动增长。

完成以上操作后,单击"确定"按钮关闭"新建数据库"对话框。至此"新建的数据"数据库创建成功。新建的数据库可以在"对象资源管理器"窗口看到,如图 1.11 所示。

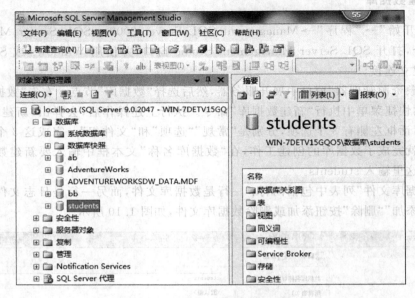

图 1.11 建好后的数据库 students

4．修改数据库

建立一个数据库之后,可以根据需要对该数据库的结构进行修改。

启动 SSMS,在"对象资源管理器"窗格中展开数据库节点,右击要修改的数据库名称,在弹出的快捷菜单中执行"属性"命令,打开"数据库属性"对话框。可以通过修改数据库属性来修改数据库。修改数据库的操作包括增减数据库文件、修改文件属性(包括数据库的名称、大小和属性)、修改数据库选项等。

5．删除数据库

为了减少系统资源的消耗,对于不再需要的用户创建数据库,应当把它从数据库服务器中删除,从而将其所占的磁盘空间全部释放掉。

删除数据库的具体操作如下:

启动 SSMS,在"对象资源管理器"窗格中展开数据库节点,右击要删除的数据库名称,在弹出的快捷菜单中执行"删除"命令,打开"删除对象"对话框,单击"确定"按钮,数据库就被删除了。

6．分离和附件数据库

当数据库需要从一台计算机移到另一台计算机,或者需要从一个物理磁盘移到另一个物理磁盘时,常要进行数据库的附加与分离操作。

附加数据库是指将当前数据库以外的数据库附加到当前数据库服务器中。

附加数据库的具体操作如下：

启动 SSMS，在"对象资源管理器"窗格中右击"数据库"节点，如图 1.12 所示，在快捷菜单中执行"附加"命令，打开"附加数据库"对话框，单击"添加"按钮，打开"定位数据库文件"对话框，选择要附加的数据库主数据文件（.mdf），单击"确定"按钮，返回上述"附加数据库"对话框，单击"确定"按钮，完成数据库的附加操作。

分离数据库就是讲数据库从 SQL Server 2008 服务器中卸载，但依然保存数据库的数据文件和日志文件。需要时，分离的数据库可以重新附加到 SQL Server 2008 服务器中。

分离数据库的具体操作如下：

启动 SSMS，在"对象资源管理器"窗格中展开数据库节点，右击要分离的数据库名称，在弹出的快捷菜单中执行"任务"→"分离"命令，如图 1.13 所示，打开"分离数据库"对话框，单击"确定"按钮，实现数据库的分离。

图 1.12　附加数据库

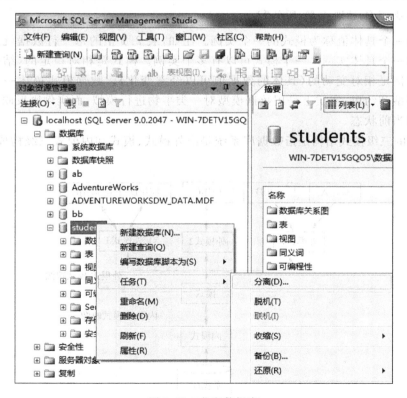

图 1.13　分离数据库

1.4 数据库系统结构

在了解了数据库系统的组成以后,本节介绍数据库系统的一个框架结构,这个框架用于描述一般数据库系统的概念。但并不是说所有的数据库系统都一定使用这个框架,这个框架结构在数据库中并不是唯一的,特别是一些"小"的系统难以保证具有这个体系结构的所有功能,但这里介绍的数据库系统的体系结构基本上能很好地适应大多数系统,掌握本部分内容有助于对现代数据库系统的结构和功能有一个较全面的认识。

1.4.1 三级模式结构

数据模型(组织模型)是描述数据的一种形式。模式则是用给定的数据模型描述具体数据(就像用某一种编程语言编写具体应用程序一样)。模式描述了数据库中全体数据的逻辑结构和特征,它仅仅涉及型的描述,不涉及具体的值。关系模式是关系的"型"或元组的结构共性的描述。关系模式实际上对应的是关系表的表头。

关系模式一般表示为:关系名(属性1,属性2,…,属性n)。如表2.1所示的学生关系可描述为:

学生(学号,姓名,性别,年龄,所在系)

模式的一个具体值称为模式的一个实例。比如,表2.1中的每一行数据就是其表头结构(模式)的一个具体实例。一个模式可以有多个实例。模式是相对稳定的(结构不会经常变动),而实例是相对变动的(具体的数据值可以经常变化)。数据模式描述一类事物的结构、属性、类型和约束,实质上是用数据模型对一类事物进行模拟,而实例则反映某类事物在某一时刻的当前状态。

数据库的三级模式结构是指数据库系统是由外模式、模式和内模式三级构成,如图1.14所示。

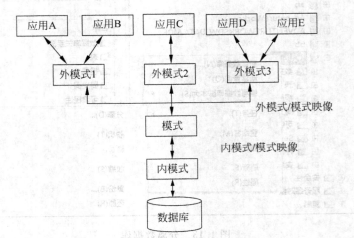

图 1.14 数据库系统的三级模式结构

从广义上讲,这三级模式结构的含义如下:
- 内模式——最接近物理存储,也就是数据的物理存储方式。
- 外模式——最接近用户,也就是用户所看到的数据视图。
- 概念模式——介于内模式和外模式之间的中间层次。

1. 外模式

外模式也称为用户模式或子模式,它是对现实系统中用户感兴趣的整体数据结构的局部描述。用于满足不同数据库用户需求的数据视图,是数据库用户能够看见和使用的局部数据的逻辑结构和特征的描述,是对数据库整体数据结构的子集或局部重构。

外模式通常是模式的子集,一个数据库可以有多个外模式。由于它是各个用户的数据视图,所以如果不同的用户在应用需求、看待数据的方式、对数据保密的要求等方面存在差异,则其外模式描述也就不相同:模式中的同一数据在不同外模式中的结构、类型、长度等都可以不同。

外模式是保证数据库安全的一个措施。因为每个用户只能看到和访问其所对应的外模式中的数据,看不到其权限范围之外的数据,因此不会出现由于用户的误操作和有意破坏而造成数据损失的情况。

2. 模式

模式也称为逻辑模式或概念模式,是数据库中全体数据的逻辑结构和特征的描述,是所有用户的公共数据视图。概念模式表示数据库中的全部信息,其形式要比数据的物理储方式抽象。它是数据库系统结构的中间层,既不涉及数据的物理存储细节和硬件环境,也与具体的应用程序、所使用的应用开发工具和环境(比如,Visual Basic、ASP. NET 等)无关。

概念视图由许多概念记录类型的值构成,例如,可以包括学生记录值的集合、课程记录值的集合、选课记录值的集合,等等。概念记录既不同于外部记录,也不同于存储记录。

概念视图是由概念模式定义的。概念模式实际上是数据库数据在逻辑层上的视图。一个数据库只有一种模式。数据库模式以某种数据模型为基础,综合地考虑了所有用户的需求,并将这些需求有机地结合成一个逻辑整体。定义数据库模式时不仅要定义数据的逻辑结构,比如,数据记录由哪些数据项组成,数据库项的名字、类型、取值范围等,而且还要定义数据之间的联系,定义与数据相关的安全性、完整性要求。

概念模式不涉及存储字段的表示以及存储记录对列、索引、指针或其他存储的访问细节。如果概念视图以这种方式真正地实现数据独立性,那么根据这些概念模式定义的外模式也会有很强的独立性。

3. 内模式

内模式也称为存储模式。内模式是对整个数据库的底层表示,它描述了数据的存储结构,比如数据的组织与存储。注意,内模式与物理层是不一样的,内模式不涉及物理记录的形式(即物理块或页,输入/输出单位),也不考虑具体设备的柱面或磁道大小。换句话说,内模式假定有一个无限大的线性地址空间,地址空间到物理存储的映射细节是与特定系统有关的,而这些并不反映在体系结构中。

内模式用另一种数据定义语言——内部数据定义语言来描述。本书通常使用更直观的名称——"存储结构"或"存储数据库"来代替"内部视图"。用"存储结构定义"代替"内模式"。

注意,在图1.14中,外模式是单个用户的数据视图,而概念模式是一个部门或公司的整体数据视图。换句话说,可以有许多外模式(外部视图),每一个外模式都或多或少地抽象表示整个数据库的某一部分。而概念模式(概念视图)只有一个,它包含对现实世界数据库的抽象表示。注意,这里的抽象指的是记录和字段这些面向用户的概念,而不是面向机器的概念。大多数用户只对整个数据库的某一部分感兴趣。内模式(内部视图)也只有一个。它表示数据库的物理存储。

1.4.2 二级映像功能

除了三级模式结构之外,我们从图1.14中还可以看到在数据库体系结构中还有一定的映像关系,即概念模式和内模式间的映像以及外模式和概念模式间的映像。

数据库系统的二级模式是抽象数据的三个级别,它把数据的具体组织留给DBMS管理,这样用户就能逻辑地、抽象地处理数据,而不必关心数据在计算机中的具体表示方式与存储方式。

1. 概念模式/内模式映像

概念模式/内模式的映像定义了概念视图和存储的数据库的对应关系,它说明了概念层的记录和字段怎样在内部层次中表示。如果数据库的存储结构改变了,也就是说,如果改变了存储结构的定义,那么概念模式/内模式的映像必须进行相应的改变。以使概念模式保持不变(当然,对这些变动的管理是系统管理员的责任),换句话说,概念模式/内模式映像保证了数据的物理独立性,由内模式变化所带来的影响必须与概念模式隔离开来。

2. 外模式/概念模式映像

外模式/概念模式间的映像定义了特定的外部视图和概念视图之间的对应关系。一般来说,这两层之间的差异情况与概念视图和存储模式之间的差异情况是类似的。例如,概念模式的结构可以改变,比如添加字段、修改字段的类型等。但概念结构的这些改变不一定会影响外模式。

外模式的内容可以包含在多个概念模式中,而外模式的一个字段可以由几个概念模式的字段合并而成,等等。可能同时存在多个外部视图,多个用户共享一个特定的外部视图,不同的外部视图可以有交叉。

很明显,概念模式/内模式的映像是数据物理独立性的关键,外模式/概念模式的映像是数据逻辑独立性的关键。也就是说,如果数据库物理结构发生改变,用户和用户的应用程序能相对保持不变,那么系统就具有了物理独立性。同样,如果数据的逻辑结构改变了,用户和用户的应用程序能相对保持不变,则系统就具有了逻辑独立性。

本章小结

本章介绍数据管理技术的发展，分别介绍了人工管理阶段、文件系统阶段、数据库管理系统阶段的特点；介绍了数据库管理系统的主要功能；重点介绍了数据库系统的组成及其优点。

最后本章从体系结构角度分析了数据库系统，介绍了三层模式和两级映像。三层模式分别为内模式、概念模式和外模式。内模式最接近物理存储，它考虑数据的物理存储；外模式最接近用户，它主要考虑单个用户看待数据的方式；概念模式介于内模式和外模式之间，它提供数据的公共视图。两级映像分别是概念模式与内模式间的映像和外模式与概念模式间的映像，这两级映像是提供数据的逻辑独立性和物理独立性的关键。

习题 1

一、选择题

1. 数据库系统的体系结构是（　　）。
   A. 两级模式结构和一级映像
   B. 三级模式结构和一级映像
   C. 三级模式结构和两级映像
   D. 三级模式结构和三级映像
2. 下列四项中，不属于数据库特点的是（　　）。
   A. 数据共享
   B. 数据完整性
   C. 数据冗余较小
   D. 数据独立性低
3. 要保证数据库物理数据独立性，需要修改的是（　　）。
   A. 模式
   B. 模式与内模式的映射
   C. 模式与外模式的映射
   D. 内模式
4. 数据库中存储的是（　　）。
   A. 数据
   B. 数据模型
   C. 数据之间的联系
   D. 数据以及数据之间的联系
5. SQL Server 是一个基于（　　）。
   A. 层次模型的 DBMS
   B. 网状模型的 DBMS
   C. 关系模型的应用程序
   D. 关系模型的 DBMS
6. 三级模式间存在两种映射，它们是（　　）。
   A. 模式与子模式间，模式与内模式间
   B. 子模式与内模式间，外模式与内模式间
   C. 子模式与外模式间，模式与内模式间
   D. 模式与内模式间，模式与模式间
7. （　　）是长期存储在计算机内的有组织、可共享的数据集合。
   A. 数据库管理系统
   B. 数据库系统
   C. 数据库
   D. 文件组织

8. 数据库系统不仅包括数据库本身,还要包括相应的硬件、软件和(　　)。
   A. 数据库管理系统　　　　　　　　B. 数据库应用系统
   C. 相关的计算机系统　　　　　　　D. 各类相关人员
9. 在文件系统阶段,数据(　　)。
   A. 无独立性　　　　　　　　　　　B. 独立性差
   C. 具有物理独立性　　　　　　　　D. 具有逻辑独立性
10. 数据库系统阶段,数据(　　)。
    A. 具有物理独立性,没有逻辑独立性
    B. 具有物理独立性和逻辑独立性
    C. 独立性差
    D. 具有高度的物理独立性和一定程度的逻辑独立性
11. 描述事物的符号记录称为(　　)。
    A. 信息　　　　B. 数据　　　　C. 记录　　　　D. 记录集合
12. (　　)是位于用户与操作系统之间的一层数据管理软件。
    A. 数据库系统　　　　　　　　　B. 数据库管理系统
    C. 数据库　　　　　　　　　　　D. 数据库应用系统
13. 下列四项中说法不正确的是(　　)。
    A. 数据库减少了数据冗余　　　　B. 数据库中的数据可以共享
    C. 数据库避免了一切数据的重复　D. 数据库具有较高的数据独立性
14. 下列数据模型中,数据独立性最高的是(　　)。
    A. 网状数据模型　　　　　　　　B. 关系数据模型
    C. 层次数据模型　　　　　　　　D. 非关系模型
15. 数据管理技术经历了哪些阶段?(　　)
    A. 人工管理　　B. 文件系统　　C. 网状系统　　D. 数据库系统
    E. 关系系统

二、简答题

1. 简述数据库系统的特点。
2. 试比较文件系统和数据库系统的特点。
3. 数据库系统由哪几部分组成?
4. 数据的独立性指的是什么?它能带来哪些好处?
5. 什么是数据库系统的三级模式结构?这种体系结构的优点是什么?
6. DBA 的主要职责是什么?

第 2 章 关系数据库的设计

本章主要介绍关系数据库的设计过程,数据库是现代各种计算机应用系统的核心,数据库设计是数据库应用系统设计与开发的关键性工作。通过本章的学习,读者应了解数据库设计的阶段划分和每个阶段的主要工作;还要能在实际工作中运用这些思想,设计符合应用需求的数据库应用系统。

2.1 数据库设计概述

数据库设计是指根据用户需求研制数据库结构的过程。具体地说,数据库设计是指对于一个给定的应用环境,构造最优的数据库模式,建立数据库及其应用系统,使之能有效地存储数据,并按照用户的要求处理数据。也就是把现实世界中的数据,按照各种应用处理的要求,加以合理组织,使之满足硬件和操作系统的特性,利用已有的 DBMS 来建立能够实现系统目标的数据库。

数据库设计分为以下 6 个阶段:需求分析、概念模型设计、逻辑模型设计、物理模型设计、数据库实施,数据库运行和维护阶段,如图 2.1 所示。

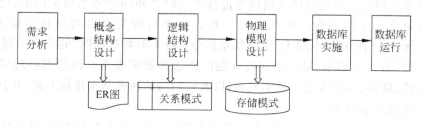

图 2.1 数据库设计过程

需求分析阶段主要是收集信息并对信息进行分析和整理,从而为后续的各个阶段提供充足的信息。这个阶段是整个设计过程的基础,也是最困难、最耗时间的一个阶段。需求分析做得不好会导致整个数据库设计重新返工。需求分析的方法有调查组织结构的情况、调查各部门的业务活动情况、协助用户明确对新系统的各种要求、确定新系统的边界。具体做法是跟班作业、开调查会、请专人介绍、询问、设计调查表请用户填写、查阅记录。需求分析阶段的工作结束时,要根据调查、收集和分析的结果形成需求分析报告。

概念结构设计阶段是整个数据库设计的关键,此过程对需求分析的结果进行综合、归纳,从而形成一个独立于具体 DBMS 的概念模型,一般用 E-R 图表示。E-R 图是概念模型设计阶段的主要工具,2.2 节将详细介绍。

逻辑结构设计阶段将概念结构设计的结果转换为某个具体的 DBMS 所支持的数据模型,并对其进行优化,由于现在的 DBMS 主流是关系数据模型,因此在此主要是将概念模型转换为关系模型,由于关系模型涉及的概念比较多,2.3 节将详细介绍。

物理数据库设计阶段为逻辑结构设计的结果选取一个最适合应用环境的数据库物理结构。

数据库实施阶段是设计人员运用 DBMS 提供的数据语言以及数据库开发工具,根据逻辑设计和物理设计的结果建立数据库,编制应用程序,组织数据入库并进行试运行。数据库运行和维护阶段是指将经过试运行的数据库应用系统投入正式使用,在数据库应用系统的使用过程中不断对其进行调整、修改和完善。

2.2 概念模型的设计

概念模型设计主要的任务是完成对需求分析报告中描述的现实世界的建模,即用一种数据模型来实现对现实世界的抽象表达。这种建模与具体的机器世界、DBMS 无关,是现实世界到信息世界的第一层抽象,是现实世界到机器世界的一个中间层次,所用的数据模型是用户与数据库设计人员之间进行交流的最重要的某种语言或表示方法。因此,用于表达概念模式的数据模型一方面应该具有较强的语义表达能力,能方便、直接地表达实际应用中的各种语义知识;另一方面,它还应该简单、清晰、易于用户理解。能担当此重任的常用的数据模型就是实体-联系模型(Entity-Relationship Model,E-R 模型)。

2.2.1 E-R 模型的基本概念

由于直接将现实世界按具体数据模型进行组织时必须同时考虑很多因素,设计工作非常复杂并且效果也不很理想。因此需要一种方法来对现实世界的信息结构进行描述。Peter Chen 博士于 1976 年在题为"实体联系模型:将来的数据视图"的论文中提出的实体-联系模型,或称为 E-R 模型,是一个面向问题的概念性数据模型。该模型将现实世界的要求转化成实体、联系、属性等几个基本概念,以及它们间的两种基本连接关系,并且可以用一种图非常直观地表示出来。

E-R 模型的基本要素是实体、属性以及实体之间的联系,E-R 模型使用 E-R 图来描述系统的概念模型,E-R 图提供了表示实体、属性和联系的方法。

1. 实体(entity)

客观存在的并且可以相互区别的事务或对象称为实体。实体可以是具体的人、事、物,也可以是抽象的概念或联系。例如,具体的一名学生、一本书、一个单位或者抽象的一门课程、一场音乐会等。

在 E-R 图中,实体用矩形表示,矩形框内写明实体名。

实体中的每个具体的记录值(一行数据),比如学生实体中的每个具体的学生,我们称之为实体中的一个实例。同一类型实体的集合称为实体集。

2. 属性(attribute)

每个实体都具有一定的特征或性质,这样我们才能根据实体的特征来区分一个个实例。属性就是描述实体或者联系的性质或特征的数据项,一个实体的所有实例都具有共同的性质,在 E-R 模型中,这些性质或特征就是属性。

例如,学生的学号、姓名、性别等都是学生实体的特征,这些特征就构成了学生实体的属性;实体所具有的属性个数是根据用户对信息的需求决定的。例如,假设用户还需要学生的出生日期信息,则可以在学生实体中加一个"出生日期"属性。

在 E-R 图中,属性用椭圆形表示,并用无向边将其与相应的实体连接起来。

3. 联系(relationship)

在现实世界中,事物内部以及事物之间是有联系的,这些联系在信息世界中反映为实体内部的联系和实体之间的联系。实体内部的联系通常是指组成实体的各属性之间的联系,实体之间的联系通常是指不同实体之间的联系。通常是指不同实体之间的联系,例如,在职工实体中,假设有职工号、职工姓名和部门经理号等属性,从某种意义上来说,部门经理也是职工中的一员,因此部门经理号描述的是管理部门经理的职工号。因此部门经理号与职工号之间有一种关联约束关系,即部门经理号的取值受职工号取值的限制,这就是实体内部的联系。

再比如,学生选课实体和学生基本信息实体之间也有联系。这个联系是学生选课实体中的学号必须是学生基本信息实体中已经存在的学号,因为不允许为不存在的学生记录选课情况。这种关联到不同实体的联系就是实体之间的联系。这里主要讨论的是实体之间的联系。

联系是数据之间的关联集合,是客观存在的应用语义链,用菱形表示,菱形框内写明联系名,并用无向边分别与有关实体连接起来。

联系也可以有自己的属性,这种属性不是哪个实体的属性,而是只有当实体之间产生了这种联系才有的属性,因此该属性应该与联系相连。

4. 两个实体之间的联系

1) 一对一联系(1∶1)

如果对于实体集 A 中的每一个实体,实体集 B 中至多有一个(也可以没有)实体与之联系,反之亦然,则称实体集 A 与实体集 B 具有一对一联系,记为 1∶1。

例如,一个班级只有一个正班长,一个班长只在一个班中任职,则班级与班长之间具有一对一的联系,如图 2.2(a)所示。

2) 一对多联系(1∶n)

如果对于实体集 A 中的每一个实体,实体集 B 中有 n 个实体($n \geqslant 0$)与之联系,反之,对于实体集 B 中的每一个实体,实体集 A 中至多只有一个实体与之联系,则称实体集 A 与实体集 B 有一对多联系,记为 1∶n。

例如,一个班级中有若干名学生,每个学生只在一个班级中学习,则班级与学生间具有一对多的联系,如图 2.2(b)所示。

3) 多对多联系($m:n$)

如果对于实体集 A 中的每一个实体,实体集 B 中有 n 个实体($n \geq 0$)与之联系,反之,对于实体集 B 中的每一个实体,实体集 A 中也有 m 个实体($m \geq 0$)与之联系,则称实体集 A 与实体集 B 具有多对多联系,记为 $m:n$。

例如,图书与读者之间的联系:一位读者可以借多本图书,一本图书可以由多个读者所借,如图 2.2(c)所示。

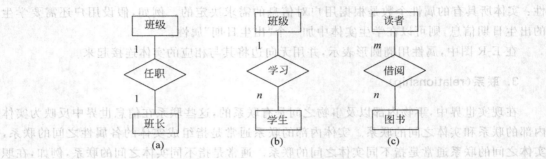

图 2.2 实体及其联系的示例

5. 两个以上的实体的联系

当一个联系涉及多个实体时,它们存在着一对一、一对多、多对多的联系。

1) 一对多($1:n:\cdots$)

若实体集 $E1, E2, \cdots, En$ 存在联系,对于实体集 $Ej(j=1,2,\cdots,i-1,i+1,\cdots,n)$ 中的给定实体,最多只和 Ei 中的一个实体相联系,则说 Ei 与 $E1, E2, \cdots, Ei-1, Ei+1, \cdots, En$ 之间的联系是一对多的。

2) 一对一($1:1:\cdots$)

若实体 $E1, E2, \cdots, En$ 之间存在着联系,对于实体型 $Ei(i=1,2,\cdots,n)$ 中给定的实体,只有一组 $Ej(j=1,2,\cdots,i-1,i+1,\cdots,n)$ 跟它对应,而任一 Ej 也只有一个 Ei 与其对应,则说 Ei 与 $E1, E2, \cdots, Ei-1, Ei+1, \cdots, En$ 之间的联系是一对一的。

3) 多对多($m:n:\cdots$)

除了上述两种情况以外,其他的就是多对多的联系。

例如,课程、教师与参考书 3 个实体型。一门课程可以有若干个教师讲授,使用若干本参考书,每一个教师只讲授一门课程,每一本参考书只供一门课程使用,则课程与教师、参考书之间的联系是一对多的,如图 2.3 所示。

例如,顾客购买商品。每个顾客可以从多个售货员那里购买商品,并且可以购买多种商品;每个售货员可以向多名顾客销售商品,并且可以销售多种商品;每种商品可由多个售货员销售,并且可以销售给多名顾客,则顾客、商品和售货员之间的联系是多对多的,E-R 图如图 2.4 所示。

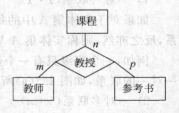

图 2.3 三个实体之间的联系

注意：如果将顾客、商品和售货员之间的联系描述成如图2.5所示的形式则是错误的，因为它们之间只做了一件事使得它们三者之间产生了联系，而不是两两之间都产生的一种联系。

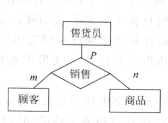

图2.4 多个实体之间的联系

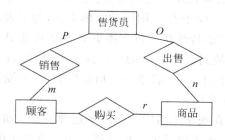

图2.5 不符合语义的联系

6. 码（key）

唯一标识实体的属性或属性组称为键码。通常称两个或两个以上属性构成的码为复合码。例如，学生实体的码为学号，课程实体的码为课程号，而航班实体的键码为航班号加日期，是一个符合码。

如果一个属性或属性组构成一个实体集的码，那么当给定一个码的值时，在该实体集中只能找到唯一的实体与之对应。在设计E-R图时，键码属性要求用下划线标识出来。

例如，在实体集航班中，属性航班号和日期一起作为主码，设计时需要用下划线标识出来，如图2.6所示。

综上所述，在E-R图中，用不同的图符表示不同的E-R模型对象，下面举例说明一个完整的E-R图设计。

例2-1 学生选课中包含学生和课程实体，约定一位学生可以选多门课，一门课可以由多个学生来选，学生选课以后会有一个成绩。学生包含属性学号、姓名、性别、年龄，学号为键码；课程实体包含属性课程号、课程名、开课系别、学分，课程号为键码。其完整的E-R图，如图2.7所示。

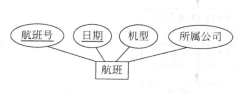

图2.6 航班的E-R图

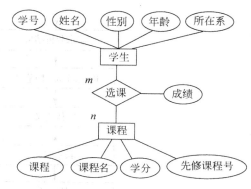

图2.7 学生选课E-R图

2.2.2 子类的设计

E-R 图中子类的定义：假定类 B 是超类 A 的子类，类 B 对应于 E-R 图中的实体集 B，类 A 对应于 E-R 图中的实体集 A，为了表示出 B 和 A 之间的关系，这里用一种称作"属于 (isa)"的特性联系将实体集 B 和实体集 A 关联起来。任何只和子类 B 有关的属性和联系都连接到实体集 B 的矩形框上，而与类 A 和 B 都有关的属性和联系则连接到实体集 A 的矩形框上。isa 联系用三角形框表示，尖端指向超类 A，底边指向子类 B，三角形中还要写上 isa 的字样。

在现实生活中存在许多这种子类和超类的例子。例如，超类学生和子类大学生、子类中学生、子类研究生。根据超类和子类联系的定义，在 E-R 图中规定超类实体的属性包含超类的子类的共同属性，即有别于超类的属性。例如，用 E-R 图表示超类学生和子类研究生的关系如图 2.8 所示。

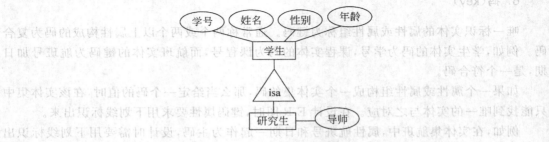

图 2.8　超类学生和子类研究生的 E-R 图

2.2.3　E-R 图设计实例

在数据库设计过程中，需求分析后数据库设计进入了概念模式设计阶段。这个阶段的主要任务就是根据需求分析报告中对实体和实体之间的联系的描述，设计出满足要求的 E-R 图。详细的设计过程如图 2.9 所示。

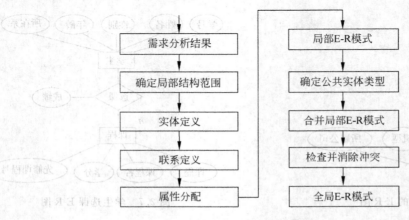

图 2.9　概念模型设计

1. 局部 E-R 模型设计

概念模型设计的第一步是选择局部结构的范围的划分，划分的方式有多种，通常是根据系统的当前用户进行自然划分。例如，对于一个学院信息管理系统，用户有教务部门、科研部门、财务部门等，各部门对信息内容和处理的要求明显不同，因此，应当为他们分别设计各自的局部 E-R 模型。

选择好局部应用后，就要对每个局部应用逐一设计局部 E-R 模型了。每个局部应用都对应需求分析阶段收集到的需求说明报告，设计局部 E-R 模型。

设计局部 E-R 图的关键是标识实体、属性和各实体之间的联系。但是一个对象抽象为实体还是属性并没有严格的界限，一般应根据具体的应用中对数据的处理来决定。但设计中应遵循以下两条规则：

(1) 属性不能是另一些属性的聚集。
(2) 属性不能与其他实体具有联系。

例如，学校中的系，在学生选课环境里面，只是作为"学生"实体的一个属性，表明一个学生属于哪个系，而在另一种环境中，由于需要考虑一个系的系主任、教师人数、学生人数、办公地点等，这时它就需要作为实体了。

2. 集成局部 E-R 模型，得到全局的概念模型

在局部 E-R 模型均设计完成后，下一步就是进行 E-R 模型的集成。E-R 模型集成通常采用逐步集成的方式，即用累加的方式一次集成两个局部 E-R 模型。在局部 E-R 模型的集成过程中，要注意解决冲突和冗余这两类问题。

由于各局部应用所面向的问题不同，且通常是有不同的设计人员进行局部 E-R 模型的设计，这就导致各个局部 E-R 图之间必定会存在许多不一致的地方，称为冲突。因此消除各局部 E-R 图中的冲突是集成 E-R 模型的主要工作和关键所在。各局部 E-R 图之间的冲突主要有 3 类：

(1) 属性冲突。属性冲突分为属性域（如属性值的类型、取值范围）的冲突和属性值单位（如人的身高有的用米、有的用厘米作为单位）的冲突。

(2) 命名冲突。命名冲突分为同名异义和异名同义。同名异义是指不同的对象起了相同的名字，而异名同义是指相同的对象起了不同的名字，比如科研项目在财务部门称为项目，在科研部门称为课题，在生产管理部门称为工程等。

(3) 结构冲突。结构冲突包括同一对象在不同应用中具有不同的抽象（例如教师在有的应用中是属性，在有的应用中则是实体）和同一对象在不同的 E-R 图中所包含的属性个数及属性排列的顺序不同两种结构冲突。

在集成后的 E-R 模型中还可能存在冗余的数据和联系（也就是通过其他数据和联系可以推导出来的数据和联系），需要去除。

例 2-2 设计一个工厂产品、零件和材料的初步 E-R 图。

(1) 设计局部 E-R 图。

对于工厂生产的产品，技术部门所关心的是产品的编号、性能，由哪些零件组成，每个零件的零件号、零件的规格以及零件消耗的材料名和数量。工厂的供销部门所关心的是产品的编号、价格、所使用的材料、需要量、价格、库存量。因此得到图 2.10 和图 2.11 两个局部 E-R 模型。

图 2.10 技术部门的局部 E-R 图

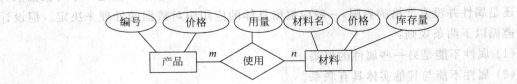

图 2.11 供销部门的局部 E-R 图

(2) E-R 模型集成。

集成图 2.10 和图 2.11 中的两个局部 E-R 模型，在集成时注意解决冲突，由于产品和材料这两个实体在不同的 E-R 模型中属性组成不同，在 E-R 模型集成式需要进行属性的合并，得到如图 2.12 所示的 E-R 模型。

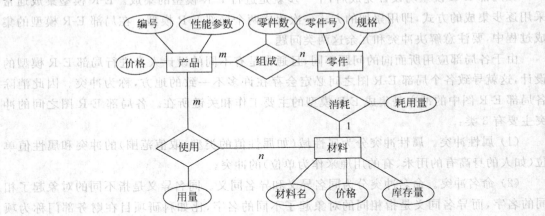

图 2.12 集成后的 E-R 图

(3) 消除冗余。

对图 2.12 中的 E-R 模型稍作分析，不难看出，产品使用的材料的用量可以由组成产品的零件数和每个零件消耗的材料数推导出来，因此，该"用量"属于冗余数据，应该予以消除。产品和材料间的 $m:n$ 的联系也应该除去。如图 2.13 所示，去掉冗余后可得到基本 E-R 模型。

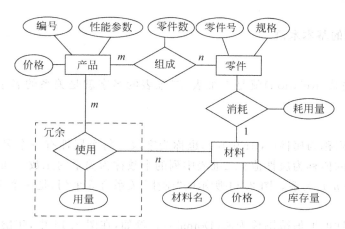

图 2.13　E-R 图中的冗余

2.3　逻辑模型的设计

概念模型独立于数据库的逻辑结构,也独立于具体的 DBMS。逻辑结构设计必须将概念模型转换为某种 DBMS 支持的数据模型,即把概念结构设计阶段设计好的 E-R 模型转化为与选用的 DBMS 产品所支持的数据模型相符合的逻辑结构。

从理论上讲,设计数据库逻辑结构应首先选择最适合相应概念模型的数据模型,并按转换规则将概念模型转换为与选定的数据模型相符的逻辑结构;然后从支持这种数据模型的 DBMS 选出最佳的 DBMS,根据选定的 DBMS 的特点和限制对数据库逻辑结构进行适当修正。但实际上,经常是选定了计算机类型和 DBMS,设计人员并无选择 DBMS 的余地,所以在概念模型向逻辑模型转换时就要考虑到适合给定的 DBMS 问题。

在数据库领域中,常见的逻辑数据模型有层次模型、网状模型、关系模型、面向对象模型、对象关系模型。但是,目前的 DBMS 大多支持的是关系模型。因此,设计数据库的逻辑模型主要是怎样将 E-R 图转换成关系模型的问题。任一 DBMS 对它所支撑的逻辑模型,必须提供该模型的三要素:数据结构、数据操作和完整性约束。在学习怎样将 E-R 图转换成关系模型之前,先从这个三方面学习关系模型相关知识。

2.3.1　数据结构——关系

在关系模型中,现实世界中的实体、实体与实体之间的联系都用关系来表示,它有专门的严格定义和一些固有的术语。从直观上看,关系就是二维表,如表 2.1 所示的就是一个关系。

表 2.1　学生

学号	姓名	性别	年龄	所在系
S001	赵盈盈	女	23	计算机系
S002	吴敏	男	20	计算机系
S003	张力	男	19	信息系
S004	张衡	男	18	数学系

1. 关系模型的基本术语

1) 关系

通俗地讲,关系(Relation)就是二维表,二维表的名字就是关系的名字,表 2.1 的关系名就是"学生"。

2) 属性

二维表中的列称为属性(Attribute),也称为字段。每个属性有一个名字,称为属性名。二维表中某一列的值称为属性值;二维表中列的个数称为关系的元数。如果一个二维表有 n 个列,则称其为 n 元关系。图 2.14 所示的"学生"关系有 5 个列,是一个 5 元关系。

3) 域

二维表中属性的取值范围称为域(Domain)。例如,在图 2.14 中,年龄列的取值为大于 0 的整数,性别列的取值为"男"和"女"两个值,这些就是列的值域。

4) 元组

二维表中的一行称为元组(tuple)即记录值,图 2.14 中的学生关系中有 4 个元组,每个元组有 5 个属性值,它们在表中可以按任意顺序存放,也就是说,在一个表中任何元组的顺序发生改变,关系不发生改变。

5) 分量

元组中的一个属性值称为分量,n 元关系的每个元组有 n 个分量。

6) 基数

一个关系中元组的个数。例如图 2.14 中"学生"表的基数为 4。

7) 码

超码:一个关系中能唯一标识一个元组的属性或者属性组。

虽然在关系中超码能唯一确定一个元组,但组成超码的属性集不一定是最小的,也就是说,还可以在超码属性集中找到更小的子集,它也能唯一标识一个元组。

候选码:在关系中能唯一标识元组的最小属性或属性组。

主码(Primary key):若一个关系有多个候选码,则选定其中一个为主码。

外码(Foreign key):关系 R 中属性或属性组 X 并非 R 的码,但 X 是另一个关系 S 的码,则称 X 是 R 的外部码,也称外码。

8) 关系模式

关系里面的数据是不断变化,只有关系的结构是不变的,因此在描述关系时一般通过表结构来描述,称为关系模式。关系模式可表示为:

关系名(属性1,属性2,…,属性 n)

例如,

学生(学号,姓名,性别,年龄,所在系)

9) 关系数据库

对应于一个关系模型的所有关系的集合称为关系数据库。

2. 关系的数学定义

1) 域

定义 2.1　域是一组具有相同数据类型的值的集合。

例如,一个机构的所有员工姓名的集合构成一个域,年龄的集合构成另一个域,性别的集合{男,女}构成一个域,自然数的集合也是一个域等。

2) 笛卡儿积

定义 2.2　给定一组域 $D1,D2,\cdots,Dn$,这些域中可以有相同的。$D1,D2,\cdots,Dn$ 的笛卡儿积为:
$$D1 \times D2 \times \cdots \times Dn = \{(d1,d2,\cdots,dn) \mid di \in Di, i=1,2,\cdots,n\}$$

其实,笛卡儿积就是所有域的所有取值的一个组合。其中每一个数据元素 $(d1,d2,\cdots,dn)$ 称为一个元组。通常用 t 表示。元组中的每一个 di 称为一个分量。

例如,设

$D1$ = {计算机系,信息系},$D2$ = {赵盈盈,李勇},$D3$ = {男,女}

则 $D1 \times D2 \times D3$ 的笛卡儿积为:

$D1 \times D2 \times D3$ = {(计算机系,赵盈盈,男),(计算机系,赵盈盈,女)
　　　　　　(计算机系,李勇,男),(计算机系,李勇,女)
　　　　　　(信息系,赵盈盈,男),(信息系,赵盈盈,女)
　　　　　　(信息系,李勇,男),(信息系,李勇,女)}

其中(信息系,李勇,男),(计算机系,赵盈盈,女)都是元组。"计算机系""赵盈盈""女"都是分量。

笛卡儿积实际上是一张二维表。上例可用如图 2.14 所示的二维表表示。

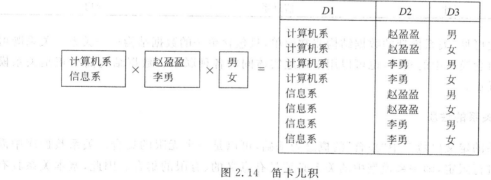

图 2.14　笛卡儿积

在图 2.14 中,笛卡儿积的任意一行数据就是一个元组,它的第一个分量来自 $D1$,第二个分量来自 $D2$,第三个分量来自 $D3$。笛卡儿积就是所有这样的元组的集合。

由于笛卡儿积中很多元组是没有意义,比如,如果赵盈盈是女生,那么是男生的元组就是没有意义。我们选取笛卡儿积中的有实际意义的元组构成一个集合,我们称之为关系,也就是说,关系是笛卡儿积的某个有意义的子集。

至此,可以给出关系的形式化定义。

关系(relation)：$D_1 \times D_2 \times \cdots \times D_n$ 的子集叫作在域 $D_1, D_2, \cdots, D_n$ 上的关系，表示为 $R(D_1, D_2, \cdots, D_n)$。R：关系名；n：关系的目或度(Degree)。

给表当中的每个列取一个名字，称为属性。n 元关系有 n 个属性，一个关系中的属性的名字必须是唯一的。

比如，在上述例子中，子集 $R=\{(计算机系, 赵盈盈, 女),(信息系, 李勇, 男)\}$ 就构成了一个关系。其二维表的形式如表 2.2 所示，把第一个属性命名为"专业"，第二个属性命名为"姓名"，第三个属性命名为"性别"。

表 2.2　学生关系

专　业	姓　名	性　别
计算机系	赵盈盈	女
信息系	李勇	男

从集合论的观点出发，可以给出如下关系的定义：关系是一个有 K 个属性的元组的集合。

从表 2.2 中可以看到关系模型的数据结构，即关系，可以表示一个学生实体的信息。数据模型的数据结构还应能描述实体以及实体之间的联系，那么关系如何表示实体与实体之间的联系呢？

导师实体与研究生实体之间有指导的联系，下面用关系来表示这种联系，如表 2.3 所示。

表 2.3　导师与研究生的指导联系

导　师	专　业	研　究　生
张铭	计算机系	赵盈盈
王伟	信息系	李勇

由此可见，关系模型的数据结构非常简单，只包含单一的数据结构——关系。关系既可以表示概念模型中的实体，也可以用来描述实体间的各种联系。数据结构简单正是关系模型最大优点。

3. 关系的性质

关系的定义以数学中"集合"的概念为基础，可以是一个无限的集合。关系数据库中需要对此进行限定，即关系模型中的关系必须是有意义的、有限的集合。因此，基本关系具有以下 6 条性质。

(1) 是同质的(Homogeneous)，即每一列中的分量是同一类型的数据，来自同一个域。

(2) 不同的列可出自同一个域。

(3) 列的顺序无所谓，列的次序可以任意交换。

(4) 任意两个元组的候选码不能相同。

(5) 行的顺序无所谓，行的次序可以任意交换。

(6) 关系中的每个分量必须是不可再分的最小数据项。

2.3.2 关系的操作和完整性约束

关系模型的操作主要包括查询、插入、删除和修改数据。这些操作必须满足关系的完整性约束条件。关系的完整性约束条件包括 3 大类：实体完整性、参照完整性和用户定义完整性，其具体内容将在第 3 章介绍。

关系模型中的数据操作是集合的操作、操作对象和操作结果都是关系，即若干元组的集合。另一方面，关系模型把存取路径向用户隐蔽起来，用户只要指出"干什么"或"找什么"，不必详细说明"怎么干"或"怎么找"，从而大大地提高了数据的独立性，提高了用户生产率。

2.3.3 E-R 图向关系模型的转换

上面详细介绍了关系模型，关系模型的逻辑结构是一组关系模式，而 E-R 图则是由实体、属性以及实体之间的联系 3 个要素组成，将 E-R 图转换为关系模型实际上就是要将实体、实体的属性、实体之间的联系转换为关系模式的集合。本节分别介绍实体及其属性、实体间的联系到关系模式的转换。

1. 实体到关系模式的转换

将 E-R 图中的一个实体集转换为一个同名关系模式。实体集的属性就是关系模式的属性。实体集的键码就是关系模式的主键。

例如，将如图 2.6 所示的实体航班转换为关系模式如下：

航班(<u>航班号</u>,日期,机型,所属公司)

2. 联系到关系模式的转换

首先以两个实体间的联系为例来介绍实体联系到关系模式的转换。两个实体间的联系的类型有 $1:1,1:n,m:n$，现就每种类型予以说明。

1) $1:1$ 联系的转换方法

可以在两个实体集转换成的两个关系模式中的任意一个关系模式的属性集中加入另一关系模式的主键和联系自身的属性，由此来完成 $1:1$ 联系到关系模式的转换。

2) $1:n$ 联系的转换方法

可以在多端(n 端)实体集转换成的关系模式的属性集中加入 1 端实体集的主键和联系自身的属性，由此来完成 $1:n$ 联系到关系模式的转换。

3) $m:n$ 联系的转换方法

将联系转换成一个独立的关系模式，其属性为两端实体集的主键加上联系自身的属性，联系关系模式的主码为复合码，由两段实体集主码组合而成。

例 2-3 两个实体集之间的 $1:1$ 联系。设部门和经理之间存在 $1:1$ 联系，其 E-R 图如图 2.15 所示。

将其转换为关系模式时，经理和部门各转换为一个关系模式，$1:1$ 联系"管理"可以通

过在经理关系模式加入部门号来实现转换,也可以在部门关系模式中加入经理号来转换。形成的关系模式如下:

部门表(部门号,部门名,经理号)
经理表(经理号,经理名,电话)

或者:

部门表(部门号,部门名)
经理表(经理号,部门号,经理名,电话)

例 2-4 两实体集之间的 1∶n 联系。设部门和职工之前存在 1∶n 联系,其 E-R 图如图 2.16 所示。

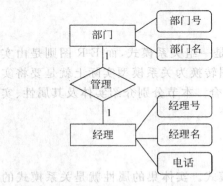

图 2.15　1∶1 联系

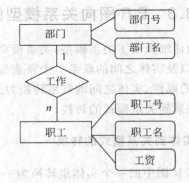

图 2.16　1∶n 联系

将其转换为关系模式时,部门和职工各转换为一个关系模式,1∶n 联系"工作"可以通过职工关系模式中加入部门号来实现;不能通过部门关系模式中加入职工号来实现,因为一个部门有多名职工,而关系模式中一行只能保存一个职工号,没办法保存下来。

因此,转换的关系模式如下:

部门(部门号,部门名)
职工(职工号,职工名,工资,部门号)

例 2-5 两个实体集之间 m∶n 联系。设学生和课程之间存在 m∶n 联系,其 E-R 图如图 2.7 所示。

将其转换为关系模式时,先将两个实体集转换为两个关系模式,然后将两个实体集之间的 m∶n 联系也转换成一个关系模式。联系关系模式的属性由两端实体集的主码和联系自身的属性构成。形成的关系模式如下:

学生(Sno,Sname,Ssex,Sage,Sdept)
课程(Cno,cname,Credit,Pcno)
选课(Sno,Cno,grade)

进一步考虑各个字段数据类型和数据之间的关系,可以得到 3 个表,如表 2.4~表 2.6 所示。

表 2.4 Student 表

列　　名	说　　明	数 据 类 型	约 束 说 明
Sno	学号	字符串,长度为 10	主键
Sname	姓名	字符串,长度为 8	取值唯一
Ssex	性别	字符串,长度为 2	取"男"或"女"
Sage	年龄	整数	取值范围为(15,45)
Sdept	所在系	字符串,长度为 15	默认值"计算机系"

表 2.5 Course 表

列　　名	说　　明	数 据 类 型	约 束 说 明
Cno	课程号	字符串,长度为 6	主码
Cname	课程名	字符串,长度为 20	非空值
Pcno	先修课程号	字符串,长度为 6	外码,参照本表中的 Cno
Credits	学分	整数	取值大于零

表 2.6 SC 表结构

列　　名	说　　明	数 据 类 型	约 束 说 明
Sno	学号	字符串,长度为 10	外码,参照 Students 的主码
Cno	课程号	字符串,长度为 6	外码,参照 Courses 的主码
Grade	成绩	整数	取值范围为[0,100]

思考题：3 个或 3 个以上的实体集之间的关系形成一个多元联系时,如何转换为关系模式？

3. 子类到关系模式的转换

子类到关系模式的转换：为 E-R 图中的每个实体集创建一个关系模式,子类关系模式的属性集由超类模式的主键和自身的属性组成。

例 2-6 两个实体集之间的"属于"联系。如图 2.17 所示,超类啤酒与其子类生啤之间是"属于"联系,转换时,啤酒和生啤各自转换为一个关系模式,其中子类生啤的属性由超类啤酒的主码 name 和自身的属性 colour 组成。形成的关系模式如下：

啤酒(<u>name</u>, manf)　生啤(<u>name</u>, color)

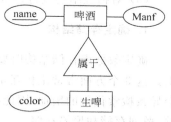

图 2.17 "属于"联系的 E-R 图

4. E-R 图到关系模式转换实例

例 2-7 将如图 2.13 所示的 E-R 图转换为如下的关系模式：

产品(<u>编号</u>,性能参数,价格)
零件(<u>零件号</u>,规格,材料名,耗用量)
材料(<u>材料名</u>,价格,库存量)
组成(<u>产品编号</u>,<u>零件号</u>,零件数)

至此，已经得到基本的关系模式。为了减少乃至消除关系模式中存在的各种异常，改善完整性、一致性和存储效率，应根据关系模式规范化的理论对关系的逻辑模式进行优化。该部分内容将在第 6 章介绍。

除此之外，数据库的逻辑结构的设计还包括子模式的设计，以方便用户使用，提高用户使用效率。有关子模式，即视图的知识，将在第 4 章讲述。

2.4 物理模型的设计

数据库是存储在物理设备上的，数据库在物理设备上的存储结构与存取方法称为数据库的物理结构，物理结构依赖于给定的 DBMS 和计算机系统。

2.4.1 物理结构设计的任务

物理结构设计阶段的任务是把逻辑结构设计阶段得到的逻辑数据库在物理上加以实现。主要内容是根据 DBMS 提供的各种手段和技术，设计数据的存储形式和存储路径，如文件结构、索引设计等，最终获得一个高效的、可实现的物理数据库结构。

2.4.2 物理结构设计方法

由于不同的 DBMS 提供的硬件环境和存储结构、存取方法以及提供数据库设计者的系统参数以及变化范围有所不同，因此，物理结构设计还没有一个通用的准则。本书所提供的方法仅供参考。

数据库物理结构设计通常分为 3 步：
(1) 确定数据库的存储结构。
(2) 确定数据库的存取方法。
(3) 对物理结构进行评价，评价的重点为时间和空间效率。

1. 确定存储结构

确定数据库存储结构时要综合考虑存取时间、存储空间利用率和维护代价三方面的因素。这 3 个方面常常是相互矛盾的，例如消除一切冗余数据虽然能够节约存储空间，但往往会导致检索代价的增加，因此必须进行权衡，选择一个折中方案。常用的存储方式有顺序存储、散列存储和聚簇存储。

关于数据的存储位置，程序设计人员是不关心数据到底存放在磁盘的什么位置上的，具体的存储位置应该由 DBMS 管理。但是，有时为了提高存取效率，数据库管理员（DBA）可以指定数据的存储位置。当服务器有多个 CPU、多块硬盘的时候，把数据分布到各个磁盘上存储，可以大大地提高存取效率。各种 DBMS 指定存取路径的方法不同，此处不再赘述。

2. 确定存取方法

为了提高数据的存取效率，我们应该建立合适的索引。建立索引的原则为：
(1) 如果某个属性经常作为查询条件，应该在它上面建立索引。

(2) 如果某个属性经常作为表的连接条件,应该在它上面建立索引。
(3) 为经常进行连接操作的表建立索引。

用户通常可以通过建立索引来改变数据的存储方式以及存取方法。但在其他情况下,数据是采用顺序存储、散列存储,还是其他的存储方式是由系统根据数据的具体情况来决定的。一般系统都会为数据选择一种最合适的存储方式。

最后,针对特定的 DBMS,DBA 还可以通过修改特定的系统参数来提高数据的存取效率。

3. 物理结构设计的评价

数据库物理设计过程中需要对时间效率、空间效率、维护代价和各种用户要求进行权衡,其结果可以产生多种方案,数据库设计人员必须对这些方案进行细致的评价,从中选择一个较优的方案作为数据库的物理结构。

评价物理数据库的方法完全依赖于所选用的 DBMS,主要是从定量估算各种方案的存储空间、存取时间和维护代价入手,对估算结果进行权衡、比较,选择出一个较优的合理的物理结构。如果该结构不符合用户需求,则需要修改设计。

最后,关于数据库的物理结构设计,读者要明确一点,即使不进行物理结构设计,数据库系统照样能够正常运行,物理结构设计主要是想进一步提高数据的存取效率。如果项目的规模不大,数据量不多,可以不进行物理结构设计。

2.4.3 学生选课管理数据库的物理设计

将例中的学生选课转换为关系模式以后,对其进行物理结构设计。

1. 确定存储结构

表 2.4~表 2.6 从严格意义上是在物理结构设计阶段形成的存储结构,在逻辑结构设计阶段仅仅形成关系模式,但在一般应用时我们常常在逻辑设计阶段就会形成关系表。

2. 确定存储位置

选课管理数据库仅有 3 张表,而且表中的数据也不多,可以考虑将数据库存放在计算机的数据盘上。

3. 确定索引

选课管理数据库数据表中的索引按照"为主键和外键创建索引;为经常作为查询条件的列创建索引"的原则设置,在如下 3 张表中,可以为其主键列带有下划线的列创建索引。有关索引的创建将在第 4 章详细讲解。

```
Student(Sno,Sname,Sex,Sage,Sdept)
Course(Cno,Cname,Credit,Pcno)
Grade(Sno, Cno, Grade)
```

2.5 数据库的实施与维护

2.5.1 数据库实施

在确定了数据库的逻辑结构和物理结构后,在 DBMS 中建立实际数据库结构,并输入数据,进行试运行和评估,这个阶段称为数据库实施。

在接下来的章节中,主要讲述如何进行数据库的实施。数据库的实施阶段就是选择一个 RDBMS 软件平台,比如 SQL Server,将整个数据库结构设计付诸实施。数据库实施阶段的主要任务是:

(1) 根据逻辑模式设计的结果,利用 RDBMS 的数据定义语言 DDL 完成数据库存储模式的创建,其中包括很多数据库对象:数据库、数据表、属性、视图、索引、函数、存储过程、触发器等。

(2) 实施完整性控制,包括创建表时的属性值域的控制,实体完整性控制、参照完整性控制、表间的级联控制,用触发器和规则进行补充完整控制和复杂完整性控制等。

(3) 实施安全性控制,设置用户和用户组的访问权限,用触发器设置常规以外的安全性控制,为数据库服务器设置防火墙和防病毒措施。

(4) 实施需求分析中的数据库恢复机制,确保数据库的正常运行。

(5) 组织数据入库,在创建数据库的基础上编制与调试应用程序,并进行数据库的试运行。

2.5.2 数据库运行和维护阶段

经过数据库实施阶段的试运行后,数据库系统就可以交付给用户,也就是说,数据库应用系统即可投入正式运行。在数据库系统运行过程中必须根据系统运行状况和用户的合理意见,不断地对其进行评价、调整和修改。这个阶段的主要工作为:

(1) 数据库的转储和恢复,比如常规的异地备份与恢复。

(2) 数据库安全性和完整性控制,比如新的约束控制的增补。

(3) 数据库性能的监督、分析和改进。

(4) 数据库的重组织和重构造。

数据库设计过程是一个严格规范的设计过程,有一套工程设计标准控制着整个设计过程,只有按照数据库设计的步骤、设计规范和设计理论严格地执行,才能设计出高质量、高性能的数据库模式。

2.6 使用 Management Studio 创建数据表

在第 1 章建好的数据库 Students 基础上,利用 Management Studio 中的"表设计器"创建数据表,包括创建表中的列;创建主键、外键、唯一键、默认值、检查约束和非空约束等各种约束。

第2章 关系数据库的设计

【**子任务一**】 创建 Student（学生表），Student 表中有 Sno、Sname、Sex、Sage、Sdept 五列，表结构的具体定义参照表 2.4。

具体操作如下：

（1）启动 SQL Server Management Studio，并连接成功。

（2）打开"对象资源管理器"窗口，展开"数据库"→Students→"表"节点。右击"表"节点，选择快捷菜单中选择"新建表"选项，可看到表设计器，如图 2.18 所示。如果看不到右侧设置表属性的"属性"窗口，则需要选择"视图"→"属性窗口"子菜单或者直接按 F4 键。

图 2.18 创建 Student 表

（3）在表单设计器中，在"列名"单元格输入列名 Sno，在"数据类型"单元格中输入其数据类型 char(10)。

（4）重复步骤（3），完成 Sname、Ssex、Sage 和 Sdept 列的设置。

（5）将 Sno 列的"允许 Null 值"单元格中"√"标记去掉，如图 2.19 所示。

（6）全部列输入结束后，选择菜单"文件"→"保存"子菜单，或单击"保存"按钮 🖫。在弹出的对话框中输入表名 Student。单击"确定"按钮即可完成 Student 表的创建，如图 2.20 所示。

1. 将 Sno 设置为主键

具体步骤如下：

（1）选中 Sno 列，右击，在快捷菜单中选择"设置主键"命令即可，也可选择"工具栏"→"表设计器"→"设置主键"按钮 ，如图 2.21 所示。

（2）主键设置成功后，在 Sno 列前面有一把金钥匙 。

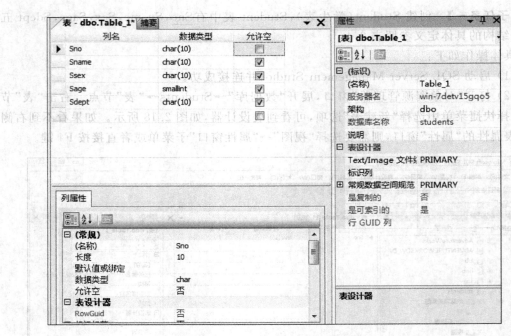

图 2.19 Student 表中列的定义

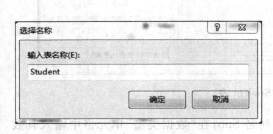

图 2.20 输入表名称的对话框

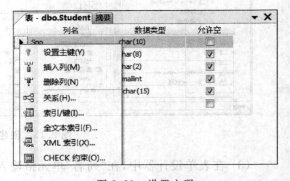

图 2.21 设置主码

(3) 设置完主键后要单击"表设计器"上方的"保存"按钮 ，才能真正将修改后的表结构存到数据库中。

2. 将 Sname 设置为唯一键

具体步骤如下：

(1) 在"表设计器"中，右击，如图 2.21 所示，在快捷菜单中选择"索引/键"命令，弹出"索引/键"窗口。在"索引/键"窗口已经有刚刚设置好的主键 PK_Student，现在需要单击"添加"按钮，添加一个唯一键 IX_Student，在"常规"→"类型"选择栏中选择"唯一键"选项。单击"列"输入栏后面的 按钮，打开"索引列"窗口。

(2) 在"索引列"窗口中"列名"选择栏中选择 Sname 列名。单击"确定"按钮即可，如图 2.22 所示。

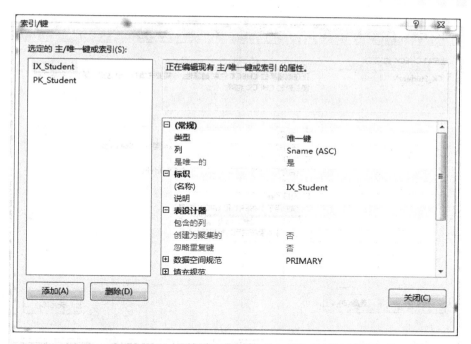

图 2.22 设置唯一约束

(3) 回到"索引/键"窗口,单击"关闭"按钮即可。这样就将 Sname 设置为唯一键了。

(4) 同样设置完唯一键后要单击"保存"按钮 ，才能真正将修改后的表结构存到数据库中。

3. 设置 Ssex 列中的 Ssex = '男' or Ssex = '女' 的 CHECK 约束

具体步骤如下:

(1) 右击"表设计器",在快捷菜单中执行"CHECK 约束"命令,弹出"CHECK 约束"窗口,如图 2.21 所示。在窗口中"选定的 CHECK 约束"栏中为空白,需要单击"添加"按钮,添加一个 CHECK 约束 CK_Student,单击"常规"→"表达式"选项,填写此 CHECK 约束的表达式"Ssex = '男' or Ssex = '女'"。或者单击输入栏后面的 按钮,打开"CHECK 表达式"窗口进行输入。

(2) 如果一个表中有多个 CHECK 约束,可以通过单击"CHECK 约束"窗口的"添加"按钮产生多个 CHECK 约束,然后再一一设置其约束即可。完成所有 CHECK 约束后,单击"关闭"按钮即可,如图 2.23 所示。

(3) 同样设置完 CHECK 约束后要单击"保存"按钮 ，才能真正将修改后的表结构存到数据库中。

4. 设置 Sdept 列的默认值"计算机系"

选中 Sdept 列,在列属性默认值选项右边输入"计算机系"即可,如图 2.24 所示。

【子任务二】 创建 Course(课程表),表结构如表 2-5 所示;创建 SC(选课) 表结构如表 2-6 所示。请读者自行完成。

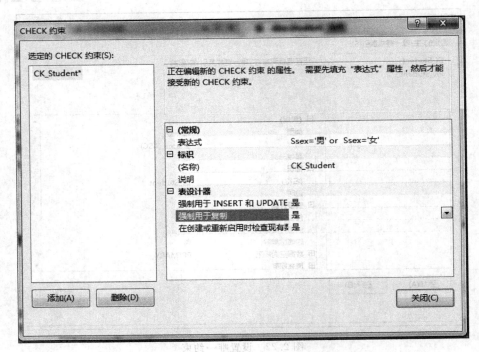

图 2.23 设置 CHECK 约束

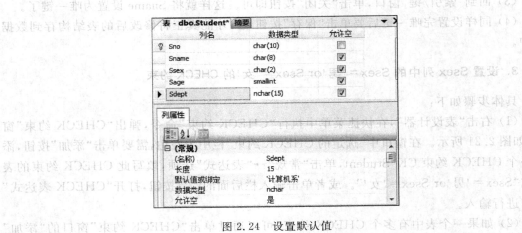

图 2.24 设置默认值

本章小结

本章介绍了数据库设计的整个过程,以及数据库设计的各个阶段的相关内容。数据库设计包括需求分析的设计→概念结构的设计→逻辑结构的设计→物理结构的设计→数据库的实施。

概念模型是对现实世界信息的第一次抽象,它与具体的数据库管理系统无关,是用户与数据库设计人员的交流工具。因此概念层数据模型一般采用比较直观的模型,本章主要介绍的是应用范围很广泛的实体-联系模型。

逻辑结构的设计是将概念结构设计的结果转换为组织层数据模型,对于关系数据库来说,是转换为关系。一般的转换规则为:一个实体转换为一个关系模式,实体的属性就是关系模式的属性。联系要视联系的类型不同采用不同的方法。逻辑结构设计与具体的数据库管理系统有关。

物理结构的设计主要是设计数据的存储方式和存储结构,一般来说,数据的存储方式和存储结构对用户是透明的,用户一般只能通过建立索引来改变数据的存储方式。

习题 2

一、填空题

1. 当前应用最广泛的数据模型是(　　)。
   A. ER 模型　　　　B. 关系模型　　　　C. 网状模型　　　　D. 层次模型
2. 反映现实世界中实体及实体间联系的信息模型是(　　)。
   A. 关系模型　　　　B. 层次模型　　　　C. 网状模型　　　　D. E-R 模型
3. 关系模型中,表示实体间 $n:m$ 联系是通过增加一个(　　)。
   A. 关系实现　　　　　　　　　　　　B. 属性实现
   C. 关系或一个属性实现　　　　　　　D. 关系和一个属性实现
4. 在数据库设计中,将 E-R 图转换成关系数据模型的过程属于(　　)。
   A. 需求分析阶段　　　　　　　　　　B. 逻辑设计阶段
   C. 概念设计阶段　　　　　　　　　　D. 物理设计阶段
5. 数据模型的三要素是指(　　)。
   A. 数据结构、数据对象和数据共享
   B. 数据结构、数据操作和数据完整性约束
   C. 数据结构、数据操作和数据的安全控制
   D. 数据结构、数据操作和数据的可靠性
6. 下列数据模型中,数据独立性最高的是(　　)。
   A. 网状数据模型　　　　　　　　　　B. 关系数据模型
   C. 层次数据模型　　　　　　　　　　D. 非关系模型
7. E-R 模型属于(　　)。
   A. 信息模型　　　　B. 层次模型　　　　C. 关系模型　　　　D. 网状模型
8. (　　)属于信息世界的模型,是现实世界到机器世界的一个中间层次。
   A. 数据模型　　　　B. 概念模型　　　　C. E-R 图　　　　D. 关系模型
9. 概念结构设计阶段得到的结果是(　　)。
   A. 数据字典描述的数据需求
   B. E-R 图表示的概念模型
   C. 某个 DBMS 所支持的数据模型
   D. 包括存储结构和存取方法的物理结构

10. 一个 $m:n$ 联系转换为一个关系模式。关系的码为(　　)。
　　A. 某个实体的码　　　　　　　　　　B. 各实体码的组合
　　C. n 端实体的码　　　　　　　　　　D. 任意一个实体的码
11. 如果对于实体集 A 中的每一个实体，实体集 B 中有可有多个实体与之联系；反之，对于实体集 B 中的每一个实体，实体集 A 中也可有多个实体与之联系。则称实体集 A 与 B 具有(　　)。
　　A. 1∶1 联系　　B. 1∶n 联系　　C. $n:m$ 联系　　D. 多种联系
12. 公司中有多个部门和多名职员，每个职员只能属于一个部门，一个部门可以有多名职员，从职员到部门的联系类型是(　　)。
　　A. 多对多　　　B. 一对一　　　C. 多对一　　　D. 一对多
13. 有 12 个实体类型，并且它们之间存在着 15 个不同的二元联系，其中 4 个是 1∶1 联系类型，5 个是 1∶N 联系类型，6 个 $M:N$ 联系类型，那么根据转换规则，这个 E-R 结构转换成的关系模式有(　　)。
　　A. 17 个　　　B. 18 个　　　C. 23 个　　　D. 27 个
14. 现有一个关系：借阅(书号、书名，库存数，读者号，借期，还期)，假如同一本书允许一个读者多次借阅，但不能同时对一种书借多本。则该关系模式的码是(　　)。
　　A. 书号　　　　　　　　　　　　　　B. 读者号
　　C. 书号＋读者号　　　　　　　　　　D. 书号＋读者号＋借期

二、简答题

1. 简述关系的性质。
2. 试述数据库设计的基本步骤。
3. 简述数据库的物理设计内容。
4. 什么是 E-R 图？构成 E-R 图的基本要素是什么？
5. 试述 E-R 图转换成关系模型的转换原则。

三、应用题

　　一个图书借阅数据库系统要求提供下述服务：可随时查询书库中现有书籍的名称、作者、单价、数量与存放位置，所有书籍均可由书号唯一标识；可随时查询书籍借还情况。包括借书人单位、姓名、电话、借书证号、借书日期和还书日期。约定：任何人可借多种书，任何一种书可为多个人所借，借书证号具有唯一性；当需要时，可通过数据库中保存的出版社名、电话、邮编及地址等信息向有关书籍的出版社增购有关书籍。约定：一个出版社可出版多种书籍，同一本书仅为一个出版社出版，出版社名具有唯一性。

1. 根据上述语义画出 E-R 图，要求在图中画出属性并注明联系的类型。
2. 将 E-R 模型转换成关系模型，并指出每个关系模式的主码和外码。

第3章 关系数据库的定义与完整性的实现

第 2 章介绍了怎样设计数据库,在数据库设计好以后,可利用 SSMS 对数据库、表结构进行定义。本章将介绍如何利用 SQL 语言来定义数据库、表结构及其完整性约束。

SQL 是 Structured Query Language(结构化查询语言)的缩写。虽然它叫结构化查询语言,查询操作是它的一个主要的操作,但是它不仅仅只有查询功能。实际上,它有 4 大类功能:数据定义功能、数据查询功能、数据操纵功能和数据控制功能。本章的数据库的定义和表的定义是利用它的数据定义功能来实现。

3.1 SQL 语言

SQL 语言是用户操作关系数据库的通用语言。本节介绍 SQL 语言的特点、主要功能以及提供的主要数据类型。

3.1.1 SQL 的特点

数据库系统的主要功能是通过数据库支持的数据语言来实现。SQL 语言具有如下的特点。

1. 一体化

SQL 则集数据查询 DSL、数据定义语言 DDL、数据操纵 DML、数据控制语言 DCL 的功能于一体,语言风格统一,可以独立完成数据库生命周期中的全部活动,包括:
(1) 定义关系模式,插入数据,建立数据库;
(2) 对数据库中的数据进行查询和更新;
(3) 数据库重构和维护;
(4) 数据库安全性、完整性控制等一系列操作要求。

这就为数据库应用系统的开发提供了良好的环境。特别是用户在数据库系统投入运行后,还可根据需要随时地、逐步地修改模式,并不影响数据库的运行,从而使系统具有良好的可扩展性。

2. 高度非过程化

在使用 SQL 进行数据操作时,用户无须指明"怎么做",只要描述清楚要"做什么",因此不需要了解存取路径。存取路径的选择以及 SQL 的操作过程由系统自动完成。这不但大大减轻了用户负担,而且有利于提高数据独立性。

3. 以同一种语法结构提供多种使用方式

SQL 既是独立的语言,又是嵌入式语言。

作为独立的语言,它能够独立地用于联机交互的使用方式,用户可以在终端键盘上直接键入 SQL 命令对数据库进行操作;作为嵌入式语言,SQL 语句能够嵌入到高级语言程序中,供程序员设计程序时使用。而在两种不同的使用方式下,SQL 的语法结构基本上是一致的。这种以统一的语法结构提供多种不同使用方式的做法,提供了极大的灵活性与方便性。

4. 语言简洁,易学易用

SQL 功能极强,但由于设计巧妙,语言十分简洁,完成核心功能只用 9 个动词即可完成。SQL 接近英语口语,因此容易学习,容易使用。

3.1.2 SQL 的主要功能

SQL 语言按其功能可以分为 4 大部分:数据查询(Data Query)、数据操纵(Data Manipulation)、数据定义(Data Definition)和数据控制(Data Control)。表 3.1 列出了实现这四部分功能的动词。

表 3.1 SQL 核心动词

SQL 功能	所使用动词
数据定义	CREATE、DROP、ALTER
数据查询	SELECT
数据操纵	INSERT、UPDATE、DELETE
数据控制	GRANT、REVOKE

1. 数据定义功能

通过 DDL(Data Definition Language)语言来实现。可用来支持定义或建立数据库对象(如表、索引、序列、视图等),定义关系数据库的模式、外模式、内模式。常用 DDL 语句为不同形式的 CREATE、ALTER、DROP 命令。

2. 数据查询功能

数据查询功能通过 DQL(Data Query Language)语言来实现,通过数据查询语言实现用的各种查询要求。

3. 数据操纵功能

数据操纵功能通过 DML(Data Manipulation Language)语言来实现,DML 包括数据查询和数据更新两种语句,数据查询指对数据库中的数据进行查询、统计、排序、分组、检索等操作。数据更新指对数据的更新、删除、修改等操作。

4. 数据控制功能

数据库的数据控制功能指数据的安全性和完整性。通过数据控制语句 DCL(Data Control Language)来实现。

本章将介绍利用数据定义功能来定义关系数据库、关系模式,以及在定义关系模式时如何实现数据库的完整性约束。

3.1.3 SQL Server 提供的主要数据类型

数据类型是指在特定的列使用什么样数据的类型。如果一个列的名字为 Last_Name,它是用来容纳人名的,所以这个特定列就应该采用 varchar(variable-length character,变长度的字符型)数据类型。我们在定义表结构的时候,必然要指明每个列的数据类型。

每个数据库管理系统所支持的数据类型并不完全相同,下面介绍 Microsoft SQL Server 支持的常用数据类型。

1. 整数数据类型

整数数据类型是最常用的数据类型之一,按照要存储数据的大小有 INT、SMALLINT、TINYINT、BIGINT 类型,表 3.2 列出了这些类型的说明及存储空间。

表 3.2 整型数据类型

整型数据类型	说明	存储空间/B
bigint	存储从 -2^{63}($-9\ 223\ 372\ 036\ 854\ 775\ 808$)到 $2^{63}-1$($9\ 223\ 372\ 036\ 854\ 775\ 807$)范围的整数	8
int	存储从 -2^{31}($-2\ 147\ 483\ 648$)到 $2^{31}-1$($2\ 147\ 483\ 647$)范围的整数	4
smallint	存储从 -2^{15}($-32\ 768$)到 $2^{15}-1$($32\ 767$)范围的整数	2
tinyint	存储从 0 到 255 之间的整数。	1

2. 浮点数据类型

浮点数据类型用于存储十进制小数。浮点数值的数据在 SQL Server 中采用上舍入(Round up 或称为只入不舍)方式进行存储。所谓上舍入,是指当(且仅当)要舍入的数是一个非零数时,对其保留数字部分的最低有效位上的数值加 1,并进行必要的进位。若一个数是上舍入数,其绝对值不会减少。如:对 3.141 592 653 589 79 分别进行 2 位和 12 位舍入,结果为 3.15 和 3.141 592 653 590。表 3.3 给出了浮点数据类型。

表 3.3 浮点数据类型

浮点数据类型	说明	存储空间/B
float[(n)]	存储从 $-1.79E+308$ 至 $-2.23E-308$、0 以及 $2.23E-308$ 至 $1.79E+308$ 范围的浮点数。n 有两个值,如果指定的 n 在 1~24 之间,则使用 24,占用 4 字节空间;如果指定的 n 在 25~53 之间,则使用 53,占用 8 字节空间。若省略 n,则默认为 53	4 或 8
real	存储从 $-3.40E+38$ 到 $3.40E+38$ 范围的浮点型数	4

浮点数据类型	说 明	存储空间/B
numeric(p,s)或 decimal(p,s)	定点精度和小数位数。使用最大精度时，有效值从 $-10^{38}+1$ 到 $10^{38}-1$。其中，p 为精度，指定小数点左边和右边可以存储的十进制数字的最大个数。s 为小数位数，指定小数点右边可以存储的十进制数字的最大个数，$0 \leq s \leq p$。s 的默认值为 0	最多 17

3. 字符数据类型

字符数据类型是使用最多的数据类型。它可以用来存储各种字母、数字符号、特殊符号。一般情况下，使用字符类型数据时需在其前后加上单引号。表 3.4 给出了字符数据类型。

表 3.4 字符数据类型

字符串类型	说 明	存储空间
char(n)	固定长度的普通编码字符串类型，n 表示字符串的最大长度，取值范围为 1~8000	n 个字节。当实际字符串所需空间小于 n 时，系统自动在后边补空格
varchar(n)	可变长度的字符串类型，n 表示字符串的最大长度，取值范围为 1~8000	字符数+2 字节额外开销
nchar(n)	固定长度的统一编码字符串类型，n 表示字符串的最大长度，取值范围为 1~4000	$2n$ 字节。当实际字符串所需空间小于 $2n$ 时，系统自动在后边补空格
nvarchar(n)	可变长度的统一编码字符串类型，n 表示字符串的最大长度，取值范围为 1~4000	2×字符数+2 字节额外开销

4. 日期和时间数据类型

在 SQL Server 中，日期时间类型是将日期和时间合起来存储的，它没有单独存储的日期和时间。表 3.5 列出了 SQL Server 所支持的日期时间类型。

表 3.5 日期时间类型

日期时间类型	说 明	存储空间/B
smalldatetime	存储 1900 年 1 月 1 日到 2079 年 6 月 6 日的日期只能精确到分钟	4
datetime	定义一个采用 24 小时制并带有秒的小数部分的日期和时间，时间范围是 00:00:00 到 23:59:59.997。默认格式为：YYYY-MM-DD hh:mm:ss.nnn，n 为数字，表示秒的小数部分(精确到 0.00333 秒)	8

3.2 关系数据库的定义

3.2.1 数据库的创建

在 SQL Server 2008 中创建数据库的方法主要有两种：一是在 SQL Server Management Studio 窗口中使用现有命令和功能，通过方便的图形化向导创建(第 1 章已经介绍过)；二是通过编写 T-SQL 语句创建的。

虽然使用图形化向导创建数据库可以方便应用程序对数据的直接调用。但是，有些情况下，不能使用图形化方式创建数据库。比如，在设计一个应用程序时，开发人员会直接使用 T-SQL 在程序代码中创建数据库及其他数据库对象，而不用在制作应用程序安装包时再放置数据库或让用户自行创建。

使用 T-SQL 创建数据库的语法格式如下：

```
CREATE DATABASE database_name
[ ON
      [ PRIMARY ] [ <filespec> [, …n ]
      [, <filegroup> [, …n ] ]
  [ LOG ON { <filespec> [, …n ] } ]
]
  [ COLLATE collation_name ]
  [ WITH <external_access_option> ]
]
```

上述语法中用到了很多种括号，它们本身不是 SQL 语句的部分。比如< >、[ ]，下面简单介绍一下这些符号的含义，在后面的语法介绍中也要用到这些符号：

尖括号(< >)中的内容必须要写出来。

方括号([ ])中的内容表示是可选的(即可出现 0 次或 1 次)，比如，[列级完整性约束定义]代表可以有也可以没有列级完整性约束定义。

花括号({ })与省略号(…)一起，表示其中的内容可以出现 0 次或多次。

竖线(|)表示在多个短语中选择一个，比如 term1|term2|term3，表示在 3 个选项中任选一项。竖线也能用在方括号中，表示可以选择有竖线分隔的选项中的一个，但整个句子又是可选的(也就是可以没有选项出现)。

其参数说明如下：

(1) database_name——新数据库的名称。

(2) ON——指定数据库文件或文件组的明确定义。

(3) PRIMARY——指明主数据库文件或主文件组。一个数据库只能有一个主文件，如果没有指定 PRIMARY，那么 CREATE DATABASE 语句中列出的第一个文件将成为主文件。

(4) <filegroup> ——控制文件组属性。其语法格式为

<filegroup> ::= FILEGROUP filegroup_name <filespec> [, …n]

其中<filespec>为控制文件属性。其格式如下：

```
<filespec> ::=
{
    (
    NAME = logical_file_name,
    FILENAME = 'os_file_name'
        [, SIZE = size [ KB | MB | GB | TB ] ]
        [, MAXSIZE = { max_size [ KB | MB | GB | TB ] | UNLIMITED } ]
        [, FILEGROWTH = growth_increment [ KB | MB | GB | TB | % ] ]
```

) [, … n]

其中有逻辑文件名（NAME）、物理文件名（FILENAME）、初始大小（SIZE，默认单位为MB）、可增大到的最大容量（MAXSIZE）、自动增长（FILEGROWTH）。每个文件之间以逗号分隔。

LOG ON：明确指定存储数据库日志的磁盘文件(日志文件)。LOG ON 后跟以逗号分隔的用于定义日志文件的＜filespec＞项列表。如果没有指定 LOG ON，将自动创建一个日志文件，其大小为该数据库的所有数据文件大小总和的 25% 或 512 KB，取两者之中的较大者。

例 3-1 创建一个名为 Students 的用户数据库，其主文件初始大小为 3MB，文件增长率为 10%，日志文件大小为 1MB，文件增长率为 10%，其中文件均存储在 D 盘根目录下。

代码如下：

```
CREATE DATABASE STUDENTS
ON
( NAME = Students_Data,
    FILENAME = 'D:\Students_Data.mdf',
    SIZE = 3MB,
    MAXSIZE = UNLIMITED,
    FILEGROWTH = 10% )
LOG ON
( NAME = Students_Log,
    FILENAME = 'D:\Students_Log.ldf',
    SIZE = 1MB,
    MAXSIZE = UNLIMITED,
    FILEGROWTH = 10% )
```

在 SQL 查询窗口中输入上述代码并执行即可创建指定的数据库。

例 3-2 通过指定多个数据和事务日志文件创建数据库 test。该数据库具有两个 10MB 的数据文件和两个 10MB 的事务日志文件。主文件是列表中的第一个文件，并使用 PRIMARY 关键字显式指定。事务日志文件在 LOG ON 关键字后指定。

```
CREATE DATABASE TEST
ON
PRIMARY
(NAME = test_data,
FILENAME = 'D:\test_dat.mdf',
SIZE = 10,
MAXSIZE = 100,
FILEGROWTH = 5),
(NAME = test_data1,
FILENAME = 'D:\test_dat1.ndf',
SIZE = 10,
MAXSIZE = 100,
FILEGROWTH = 10)
LOG ON
(NAME = test_log,
```

```
    FILENAME = 'D:\test_log.ldf',
    SIZE = 10MB,
    MAXSIZE = 50MB,
    FILEGROWTH = 5MB),
    (NAME = test_log1,
    FILENAME = 'E:\test_log1.ldf',
    SIZE = 10MB,
    MAXSIZE = 50MB,
    FILEGROWTH = 5MB)
```

请注意用于 FILENAME 选项中各文件的扩展名：mdf 用于主数据文件，ndf 用于辅助数据文件，ldf 用于事务日志文件。

3.2.2　数据库的删除

当确定数据库不再使用时，可以删除数据库。删除数据库的语法为

```
Drop database <数据库名>
```

删除数据库时，会将数据库中的所有数据及数据对象一起删除，因此，做该操作时应非常谨慎。

3.3　SQL 表结构的定义

我们知道，在关系数据库中，实体和实体之间的联系都是通过关系（二维表）来进行表示的。因此，表结构是关系数据库中非常重要的数据对象。在第 2 章的数据库设计好了以后，就可以创建数据库的表了。关系数据库的表是二维表，包含行和列，创建表就是定义表所包含的各列的结构，其中包括列的名称、数据类型、约束等。列的名称是人们给列取的名字，便于记忆，一般来说，最好取有意义的名字，比如"学号"或 Sno，而不取无意义的名字，比如 X；列的数据类型说明了列的可取值范围；列的约束更进一步限制了列的取值范围，包括是否取空值、主码约束、外码约束、列取值范围约束等。

3.3.1　基本表的创建

定义基本表使用 SQL 语言数据定义功能中的 CREATE TABLE 语句实现，其一般格式为

```
CREATE TABLE <表名>(
    <列名> <数据类型> [列级完整性约束定义]
    {, <列名> <数据类型> [列级完整性约束定义] … }
    [, 表级完整性约束定义])
```

提示：默认情况下，SQL 语言不区分大小写。

其中，<表名>是所要定义的基本表的名字，同样，这个名字最好能表达表的应用语义，比如，"学生表"或 Student。

<列名>是表中所包含的属性列的名字,"数据类型"指明列的数据类型。一般来说,一个表会包含多个列,因此也就包含多个列定义。

在定义表的同时还可以定义与表有关的完整性约束条件,定义完整性约束时可以在定义列的同时定义,也可以将完整性约束作为独立的项定义。在列定义同时定义的约束称为列级完整性约束,作为表中独立的一项定义的完整性约束称为表级完整性约束。大部分完整性约束都既可以在"列级完整性约束定义"处定义,也可以在"表级完整性约束定义"处定义;但涉及多个列的约束必须在"表级完整性约束定义"处定义。

具体的完整性约束的内容在将 3.4 节中详细阐述。

本节以第 2 章数据库逻辑设计阶段学生数据库中 Student 表的创建为例,说明 SQL 创建数据表的基本方法。STUDENT 表的结构如表 3.6 所示。

表 3.6 Student 表的结构

列 名	数据类型	长 度	能否为空	字段说明
SNO	CHAR	10	否	学号
SNAME	CHAR	10	是	姓名
SSEX	CHAR	2	是	性别
SAGE	INT	4	是	年龄
SDEPT	CHAR	10	是	系

例 3-3 利用 T-SQL 命令创建 Student 表,表的结构如表 3.6 所示。
代码如下:

```
CREATE TABLE Student
(SNO CHAR(10) NOT NULL,
 SNAME CHAR(10),
 SSEX CHAR(2),
 SAGE INT,
 SDEPT CHAR(10)
)
```

3.3.2 修改表结构

在定义完表之后,如果需求有变化,比如需要添加列、删除列或修改列定义则可以使用 ALTER TABLE 语句实现。ALTER TABLE 语句可以实现添加列、删除列或修改列定义的功能,也可以实现添加和删除约束的功能。

不同的数据库管理系统对 ALTER TABLE 语句的格式可以稍有不同,这里给出 SQL Server 支持的 ALTER TABLE 语句格式。

ALTER TABLE 语句的部分语法格式如下:

```
ALTER TABLE <表名>
    [ ALTER COLUMN <列名><新数据类型>]         -- 修改列
    |[ ADD <列名><数据类型>]                    -- 添加新列
    |[ DROP COLUMN <列名> ]                    -- 删除列
    |[ADD [CONSTRAINT <约束名>] 约束定义]        -- 添加约束
```

    | DROP [CONSTRAINT]<约束名>]   -- 删除约束

例 3-4 为 Student 表添加"学生宿舍"列,此列的定义为:Room char(8),允许空。

```
ALTER TABLE Student
    ADD   Room char(8) NULL
```

注:新增加的列只能为空,或默认,不能为 NOT NULL。

例 3-5 将新添加的 Room 列的类型改为 char(6)。

```
ALTER TABLE Student
    ALTER COLUMN Room char(6)
```

例 3-6 删除 Student 表中新添加的 Room 列。

```
ALTER TABLE Student
    DROP COLUMN Room
```

3.3.3 删除表

当确定不再需要某个表时,可以将其删除。删除表时会将与表有关的所有对象一起删掉,包括表中的数据。

删除表的语句格式为

```
DROP TABLE <表名> [RESTRICT|CASCADE]
```

例 3-7 删除 Test 表的语句为

```
DROP TABLE Test
```

3.4 完整性约束

数据的完整性是指数据库中存储的数据的正确性和相容性。正确性是指数据要符合具体的语义,相容性是指数据的关系要正确。例如,人的性别只能是"男"或"女",学生选课必须是课程表中已开的课程才行。

数据完整性约束是为了防止数据库中存在不符合语义的数据,为了维护数据的完整性,数据库管理系统必须提供一种机制来检查数据库中的数据,看其是否满足语义规定的条件。这些加在数据库数据之上的语义约束条件就是数据完整性约束。主要包括 3 大类:

- 实体完整性。
- 参照完整性。
- 用户定义完整性。

DBMS 检查数据是否满足完整性约束条件的机制称为完整性检查。当用户定义好了数据完整性,后续执行对数据的增加、删除、修改操作时,数据库管理系统都会自动检查用户定义的完整性约束,只有符合约束条件的操作才会被执行。下面从 DBMS 定义完整性约束、完整性检查、违约处理这 3 方面来学习 3 大类完整性。

3.4.1 实体完整性

实体完整性保证关系中的每个元组都是可识别的和唯一的。

在关系数据库中,用主码来保证实体完整性。要求关系数据库中的表都必须有主码,而且对主码的取值有要求:

- 主码的各个属性不能为空值。
- 任意两个元组的主码值不能相同。

因此,可以通过定义主码来保证实体完整性。

如果在列级完整性约束定义主码(仅用于单列主码),则语法格式为

<列名> 数据类型 PRIMARY KEY

例:

SNO char(7) PRIMARY KEY

如果在定义完列时,作为表级完整性定义主码(用于单列或多列主码),则语法格式为

PRIMARY KEY (<列名>,[,…n])

例 3-8 为 Student 表添加主码约束:Sno。

PRIMARY KEY(Sno)

为 SC 表添加主码,主码为(Sno,Cno)

PRIMARY KEY(Sno,Cno)

如果在表建好了以后,为表添加主码约束的语法格式为

ALTER TABLE 表名
    ADD [CONSTRAINT <约束名>]
    PRIMARY KEY (<列名>,[,…n])

例 3-9 对 Student 表添加主码约束。

ALTER TABLE Student
  ADD PRIMARY KEY(Sno)

或

ALTER TABLE Student
    ADD CONSTRAINT PK_Course PRIMARY KEY(Sno)

注意:每个表只能由一个 PRIMARY KEY 约束。

如果表中定义了主码,当我们在做如下操作的时候,数据库管理系统会自动检查我们的数据是否符合实体完整性:

- 插入元组。
- 修改主码属性的值。

如果数据不符合实体完整性,一般来说,数据库管理系统会拒绝刚刚所做的操作。

3.4.2 参照完整性

参照完整性也称为引用完整性。现实实践中的实体之前往往存在着某种联系,在关系模型中,实体与实体之间的联系都是用关系来表示的,这样就自然存在着关系与关系之间的引用。因此,参照完整性就是用来描述实体之间的联系的。

例如,学生实体和班级实体用可以用下面的关系模式表示,其中主码用下划线标识:

学生(<u>学号</u>,姓名,性别,班号,年龄)
班级(<u>班号</u>,所属专业,班主任,人数)

这两个关系模式之间存在着联系,即学生关系中的班号参照了班级关系中的班号。学生关系中的班号的值如果为空,则表示该学生没有分到任何班级;如不为空的话一定要是班级关系中确实存在的班号值。也就是说,学生关系中的班号的取值参照了班级关系中的班号的取值。这种限制一个关系中的某列的取值受另一个关系中某列的取值范围的约束的特点就称为参照完整性。

与实体间的联系类似,不仅实体之间存在着引用关系,同一个关系的内部属性之间也可以存在引用关系。

例如,职工关系模式

职工(<u>职工号</u>,姓名,性别,主任职工号)

职工号为主码,事实上,某个职工的主任也应该是该企业的一名职工,因此,主任职工号一定该关系模式中的职工号属性的取值一个。

进一步定义外码。

定义:设 F 是关系 R 的一个或一组属性,如果 F 与关系 S 的主码相对应,则称 F 是关系 R 的外码,并称关系 R 为参照关系,关系 S 为被参照关系。关系 R 和 S 不一定是不同的关系。

在学生关系中,班号属性的与班级关系中的主码班号相对应,因此,学生关系中的班号为外码,引用了班级关系中班号。这里班级关系时被参照关系,学生是参照关系。

显然,外码与相对应的主码应该有相同的数据类型,但是不一定要相同的名字,例如职工关系模式的主任职工号和职工号。但在实际应用中为了便于识别,当外码与相应的主码属于不同的关系时,一般给它们取相同的名字。

因此,可以通过外码来保证参照完整性。外码的取值,一般应符合如下要求:
- 或者为空值。
- 或者等于其所参照的关系中的某个元组的主码。

参照完整性的定义就是通过定义外码来实现。

一般情况下,外码都是单列的,它可以定义在列级完整性约束处,也可以定义在表级完整性约束处。定义外码的语法格式为

[FOREIGN KEY (<本表列名>)] REFERENCES <外表名>(<外表主码列名>)
[ON DELETE {CASCADE|NO ATION|SET NULL}]
[ON UPDATE {CASCADE|NO ATION|SET NULL}]

如果是在列级完整性约束处定义外码,则可以省略"FOREIGN KEY(<本表列名>)"部分,如果是在表级完整性约束处定义外码,则不能省略。

其中{CASCADE|NO ATION|SET NULL}为级联引用完整性,说明当某个主码值被删除/更新时(这个主码值在被参照关系中)如何处理对应的外部码值(这些外部码值在参照关系中)。

- CASCADE 方式:连带将所有对应的外码值一起删除/更新(删除外码值,实际上就是将所在的元组删除)。
- NO ACTION 方式:仅当没有任何对应的外码值时,才可以删除/更新这个主码值,否则系统拒绝执行此操作。
- SET NULL 方式:将所有对应的外码值设为空值。

例 3-10 选课关系(SC)中的学号(Sno)参照学生关系(Student)中的学号(Sno)。

```
FOREIGN KEY(Sno)REFERENCES Student(Sno)ON DELETE CASCADE
```

例 3-11 选课关系(SC)中的课程号(Cno)参照课程关系(Course)中的课程号(Cno)。

```
FOREIGN KEY(Cno)REFERENCES Course(Cno)
```

若用户在对参照表进行插入或者修改操作时违反了参照完整性,则数据库管理系统会拒绝用户所做的操作。

当用户在对被参照表进行修改或者删除操作时违反了参照完整性,数据库管理系统按照外码定义时说明的方法来处理外码值,默认情况下为拒绝。

3.4.3 用户定义完整性

用户定义完整性也称为域完整性或语义完整性。任何关系数据管理系统都应该支持实体完整性和参照完整性。除此之外,不同的数据库应用系统根据应用环境的不同,往往还需要一些特殊的约束条件,用户定义完整性就是针对某一具体应用领域定义的数据库约束条件。它反映某一具体应用所涉及的数据必须满足应用语义的要求。

用户定义的完整性实际上就是指明关系中属性的取值范围,也就是属性的域,即限制关系中的属性的取值类型及取值范围,防止属性的值与应用语义矛盾。例如,学生的性别取{男、女},学生的成绩在 0~100 之间。

用户定义完整性可以通过以下约束来保证:NOT NULL 约束、CHECK 约束、DEFAULT 约束和 UNIQUE 约束。

1. NOT NULL 约束

限制列取值非空,它只能作为列级完整性约束定义,不能作为表级完整性约束定义,定义非空约束的语法格式为

```
<列名> <数据类型> NOT NULL
```

例 3-12 限制学生姓名列不能取空值。

```
Sname CHAR(10) NOT NULL
```

2. CHECK 约束

CHECK 约束用于限制输入一列或多列的值的范围,通过逻辑表达式来判断数据的有效性,也就是一个列输入内容必须满足 CHECK 约束的条件;否则,数据无法正常输入,从而强制数据的域完整性。定义 CHECK 约束的语法格式为

[CONSTRAINT 约束名] CHECK(逻辑表达式)

CHECK 约束可以作为列级完整性约束定义,也可以作为表级完整性约束定义,语法格式相同。但是,当表达式涉及多列时,只能作为表级完整性约束来定义。

例 3-13 在 Student 表中(如表 3.6 所示)要求 SSEX 这一列的值要求只能取"男"或"女",如果用户输入其他值,系统均提示输入无效。

CHECK(SSEX = '男' OR SSEX = '女')

如果是在已建好的表中增加 CHECK 约束,则语法格式为

ALTER TABLE 表名
　　ADD [CONSTRAINT 约束名]
　　CHECK(逻辑表达式)

例 3-14 在 Student 表中为学生年龄 Sage 增加约束,限制其取值在[10,40]之间

ALTER TABLE Student
　　ADD CONSTRAINT CHK_Sage CHECK(Sage >= 10 and Sage <= 40)

3. DEFAULT 约束

用于提供列的默认值。若在表中某列定义了 DEFAULT 约束,用户在插入新数据行时,如果该列没有指定数据,那么系统将默认值赋给该列。只有在向表中插入数据时系统才检查 DEFAULT 约束。其语法格式为

<列名> <数据类型> DEFAULT 默认值

例 3-15 为 Student 表中为学生所在系 Sdept 增加默认值约束,默认值为"计算机系"。

Sdept CHAR(20) DEFAULT '计算机系'

如果是在已建好的表中增加 DEFAULT 约束,则语法格式为

ALTER TABLE 表名
　　ADD [CONSTRAINT 约束名]
　　DEFAULT 默认值 FOR 列名

在例 3-15 中,如 Student 已经建好,则 DEFAULT 约束应该写为

ALTER TABLE 表名
　　ADD CONSTRAINT DF_SDEPT
　　DEFAULT '计算机系' FOR Sdept

4. UNIQUE 约束

UNIQUE 约束用于限制列中不能有重复值。这个约束用在事实上具有唯一性的属性列上，比如每个人的身份证号码、手机号码、电子邮件等均不能有重复值。定义 UNIQUE 约束时需要注意如下事项：

- UNIQUE 约束的列允许有一个空值；
- 在一个表中可以定义多个 UNIQUE 约束；
- 可以在多个列上定义一个 UNIQUE 约束，表示这些列组合起来不能有重复值。

它可以作为列级完整性约束定义，其语法格式为

<列名> <数据类型> UNIQUE

也可以表级完整性约束定义，但是 UNIQUE 约束涉及多列时，只能作为表级完整性来定义。其语法格式为

UNIQUE(列名[,…n])

例 3-16 为 Student 表的学生姓名 Sname 列添加 UNIQUE 约束。

Sname char(7) UNIQUE

或

UNIQUE(Sname)

上述这些约束都可以在定义表的时候同时定义，对第 2 章设计的学生选课数据库中的 3 张表：学生表、课程表、选课表进行定义。这 3 张表的结构如表 3.7～表 3.9 所示。

表 3.7 Student 表

列名	说明	数据类型	约束说明
Sno	学号	字符串,长度为 10	主键
Sname	姓名	字符串,长度为 8	取值唯一
Ssex	性别	字符串,长度为 1	取"男"或"女"
Sage	年龄	整数	取值范围为(15,45)
Sdept	所在系	字符串,长度为 15	默认值"计算机系"

表 3.8 Course 表

列名	说明	数据类型	约束说明
Cno	课程号	字符串,长度为 6	主码
Cname	课程名	字符串,长度为 20	非空值
Pcno	先行课程号	字符串,长度为 6	外码,参照本表中的 Cno
Credits	学分	整数	取值大于零

表 3.9 SC 表结构

列 名	说 明	数据类型	约束说明
Sno	学号	字符串,长度为 10	外码,参照 Students 的主码
Cno	课程号	字符串,长度为 6	外码,参照 Courses 的主码
Grade	成绩	整数	取值范围为[0,100]

创建满足约束条件的上述 3 张表的 SQL 语句如下(为了说明问题,这里将有些约束定义在列级,有些定义在表级):

```
CREATE TABLE Student (
    Sno char (7) PRIMARY KEY,
    Sname char (10) UNIQUE,
    Ssex char (2) CHECK (Ssex = '男' OR Ssex = '女'),
    Sage tinyint CHECK (Sage >= 15 AND Sage <= 45),
    Sdept char (20) DEFAULT '计算机系'
)
CREATE TABLE Course (
    Cno char(6) NOT NULL,
    Cname char(20) NOT NULL,
    Pcno char(6),
    Ccredit int CHECK (Ccredit > 0),
    PRIMARY KEY(Cno),
FOREIGN KEY (Pcno) REFERENCES Course(Cno),
)
CREATE TABLE SC(
Sno char(10) REFERENCES Student(Sno),
Cno char(6) REFERENCES Course(Cno),
Grade int CHECK(grade <= 100 and grade >= 0),
PRIMARY KEY(Sno,Cno)
        )
```

在完整性约束定义好了以后,当用户在对数据库中的数据做增加、删除、修改操作时,数据库管理系统会自动检查数据是否符合完整性约束,若不符合,则拒绝所做的操作或者按照完整性定义时说明的方法来处理。

本章小结

本章首先介绍了 SQL 的特点、功能以及所支持的数据类型。SQL 的功能包括数据定义功能、数据查询功能、数据操纵功能和数据控制功能。

本章重点介绍了利用 SQL 对数据库的创建、删除;基本表的创建、修改和删除;详细介绍了关系数据库的 3 大类完整性:实体完整性、参照完整性、用户定义完整性的实现方法。实体完整性通过定义主码来保证;参照完整性利用外码来保证;而用户定义完整性通过 NOT NULL 约束、UNIQUE 约束、CHECK 约束、DEFAULT 约束等约束来保证。

习题 3

一、选择题

1. SQL 语言是（　　）的语言，容易学习。
   A. 过程化　　　　B. 非过程化　　　　C. 格式化　　　　D. 导航式

2. SQL 语言的数据操纵语句包括 SELECT、INSERT、UPDATE、DELETE 等。其中最重要的，也是使用最频繁的语句是（　　）。
   A. SELECT　　　B. INSERT　　　C. UPDATE　　　D. DELETE

3. 在视图上不能完成的操作是（　　）。
   A. 更新视图　　　　　　　　　　B. 查询
   C. 在视图上定义新的表　　　　　D. 在视图上定义新的视图

4. SQL 语言集数据查询、数据操纵、数据定义和数据控制功能于一体，其中，CREATE、DROP、ALTER 语句可实现哪种功能？（　　）
   A. 数据查询　　　B. 数据操纵　　　C. 数据定义　　　D. 数据控制

5. SQL 语言中，删除一个视图的命令是（　　）。
   A. DELETE　　　B. DROP　　　C. CLEAR　　　D. REMOVE

6. 在 SQL 语言中的视图 VIEW 是数据库的（　　）。
   A. 外模式　　　B. 模式　　　C. 内模式　　　D. 存储模式

7. 下列的 SQL 语句中，（　　）不是数据定义语句。
   A. CREATE TABLE　　　　B. DROP VIEW
   C. CREATE VIEW　　　　D. GRANT

8. 若要撤销数据库中已经存在的表 S，可用（　　）。
   A. DELETE TABLE S　　　B. DELETE S
   C. DROP TABLE S　　　　D. DROP S

9. 若要在基本表 S 中增加一列 CN（课程名），可用（　　）。
   A. ADD TABLE S CN CHAR(8)
   B. ADD TABLE S ALTER CN CHAR(8)
   C. ALTER TABLE S ADD CN CHAR(8)
   D. ALTER TABLE S ADD CN CHAR(8)

10. 学生关系模式 S(S#,Sname,Sex,Age)，S 的属性分别表示学生的学号、姓名、性别、年龄。要在表 S 中删除一个属性"年龄"，可选用的 SQL 语句是（　　）。
    A. DELETE Age from S　　　　B. ALTER TABLE S DROP Age
    C. UPDATE S Age　　　　　　D. ALTER TABLE S 'Age'

二、简答题

1. 试述 SQL 语言的特点。
2. 试述 SQL 的定义功能。

3. RDBMS 在实现参照完整性时需要考虑哪些方面的问题？可以采取哪些策略？

三、设有一个图书馆数据库，用 SQL 语句建立其中的 3 个表：图书表、读者表和借阅表。3 个表的结构如下：

图书表

列 名	说 明	数 据 类 型	约 束 说 明
书号	图书唯一的编号	字符串，长度为 20	主键
书名	图书的名称	字符串，长度为 50	非空值
作者	图书的编著者名	字符串，长度为 30	空值
出版社	图书的出版社	字符串，长度为 30	空值
单价	出版社确定的图书的单价	浮点型，float	[0,100]

读者表

列 名	说 明	数 据 类 型	约 束 说 明
读者号	读者唯一的编号	字符串，长度为 10	主键
姓名	读者姓名	字符串，长度为 8	非空值
性别	读者的性别	字符串，长度为 2	只能取男或者女
电话	读者性别	字符串，长度为 8	唯一
部门	读者办公电话	字符串，长度为 30	默认值为会计系

借阅表

列 名	说 明	数 据 类 型	约 束 说 明
读者号	读者唯一的编号	字符串，长度为 10	主键，外码
书号	图书唯一的编号	字符串，长度为 20	主键，外码
借出日期	借出图书的日期	Datatime 类型，为 'yymmdd'	非空值
归还日期	归还图书的日期	Datatime 类型，为 'yymmdd'	空值

1. 在图书表中增加"存放位置"列。
2. 为读者表的姓名列增加唯一约束。
3. 将读者表中电话的数据类型为 char(11)。
4. 将图书表中的"存放位置"列删除。

查询、视图与索引

数据查询是根据用户的需要从数据库中提取所需要的数据,数据查询是数据库操作的重要和核心部分。本章将介绍数据查询有关的操作,同时,本章还将介绍数据库中与查询密切相关的两个重要对象:视图和索引;这两个对象都是建立在基本表的基础之上的。索引的作用是为了加快数据查询的效率,而视图可以满足不同用户对数据的需求。

4.1 关系代数

关系模型源于数学,关系是由元组构成的集合,可以通过关系的运算来表达查询要求,而关系代数恰恰是关系操作语言的一种传统的表示方式,它是一种抽象的查询语言。

关系代数是一种纯理论语言,它定义了一些操作,运用这些操作可以从一个或多个关系中得到另一个关系,而不改变源关系。因此,关系代数的操作数和操作结果都是关系,而且一个操作的输出可以是另一个操作的输入。关系代数同算术运算一样,可以出现一个嵌套一个的表达式。

关系代数的运算对象是关系,运算结果亦为关系。与一般的运算一样,运算对象、运算符、运算结果是关系代数的 3 大要素。

关系代数的运算可以分为以下两大类。

- 传统的集合运算。这类运算完全把关系看成是元组的集合。传统的集合运算包括集合的广义笛卡儿积运算、并运算、交运算和差运算。
- 专门的关系运算。这类运算除了把关系看成是元组的集合外,还可以通过运算表达式表达查询的要求。专门的关系运算包括选择、投影、连接和除运算。

关系代数用到的运算符包括 4 类:传统的集合运算符、专门的关系运算符、比较运算符和逻辑运算符。表 4.1 列出了这些运算符。其中比较运算符和逻辑运算符是用来辅助专门的关系运算符来构造表达式的。

表 4.1 关系运算符

	运 算 符	含 义
传统的集合运算符	∪	并
	∩	交
	−	差
	×	广义笛卡儿积

续表

运算符		含义
专门的关系运算符	∏	投影
	σ	选择
	⋈	连接
	÷	除
比较运算符	>	大于
	<	小于
	≤	小于等于
	≥	大于等于
	=	等于
	≠	不等于
逻辑运算符	¬	非
	∧	与
	∨	或

4.1.1 传统的集合运算

传统的集合运算是二目运算,设关系 R 和 S 均是 n 元关系,并、差、交运算要求相应的属性值取自同一个值域,但是广义笛卡儿积并不要求参与运算的两个关系的对应属性取自相同的域。

1. 集合的并运算

设关系 R 和关系 S 均为 n 目关系,关系 R 和关系 S 的并记作

$$R \cup S = \{t \mid t \in R \vee t \in S\}$$

其结果仍然是 n 目关系,其中的元组是出现在 R 或者 S 两者中的元组集合。同时出现在 R 和 S 的元组,在结果中只出现一次。

2. 集合的交运算

设关系 R 和关系 S 均为 n 目关系,关系 R 和关系 S 的交记作

$$R \cap S = \{t \mid t \in R \wedge t \in S\}$$

其结果仍然是 n 目关系,其中的元组是在 R 中以及在 S 中同时出现的元组集合。由于 $R \cap S = R - (R - S)$ 或者 $R \cap S = S - (S - R)$,所以 $R \cap S$ 运算不是一个基本关系运算,而是一个附加运算。

3. 集合的差运算

设关系 R 和关系 S 均为 n 目关系,关系 R 和关系 S 的差记作

$$R - S = \{t \mid t \in R \wedge t \notin S\}$$

其结果仍然是 n 目关系,其中的元组是在 R 中出现,但是不在 S 中出现。

图 4.1(a)、(b)分别为具有两个属性的关系 R、S,图 4.1(c)为 $R \cup S$。图 4.1(d)为 $R \cap$

S。图 4.1(e)为 $R-S$。

	A	B
R	x	1
	x	2
	y	1

(a)

	A	B
S	x	2
	y	3

(b)

$R-S$

A	B
x	1
x	2
y	1
x	2
y	3

(c)

$R \cup S$

A	B
x	1
x	2
y	1
y	3

$R \cap S$

A	B
x	2

(d)

$R-S$

A	B
x	1
y	1

(e)

图 4.1 传统集合运算举例

4. 广义笛卡儿积

在这里的笛卡儿积严格地讲是广义的笛卡儿积(Extended Cartesian Product)。因为这里笛卡儿的元素是元组。广义笛卡儿积不要求参加运算的关系具有相同的目,笛卡儿积的运算是二元运算。

两个分别为 m 目和 n 目的关系 R 和关系 S 的广义笛卡儿积是一个有($m+n$)列的元组的集合。元组的前 m 个列是关系 R 的一个元组,后 n 个列是关系 S 的一个元组。若 R 有 $K1$ 个元组,S 有 $K2$ 个元组,则关系 R 和关系 S 的广义笛卡儿积有 $K1 \times K2$ 个元组,记作

$$R \times S = \{\widehat{tq} \mid t \in R \wedge q \in S\}$$

$R \times S$ 的结果是所有这样的元组集合:元组前 m 列来自 R,后 n 列来自 S。元组对 $\widehat{tq}$ 表示将两个元组 t 和 q 连接起来得到的一个新元组。

如图 4.2 所示为广义笛卡儿积运算的示意图。图 4.2(a)为关系 R,图 4.2(b)为关系 S,图 4.2(c)为 $R \times S$。$R \times S$ 共有 $2+3$ 列,共有 2×4 个元组。

R

A	B
x	1
y	2

(a)

S

C	D	E
x	10	a
y	10	a
y	20	b
z	10	b

(b)

$R \times S$

A	B	C	D	E
x	1	x	10	a
x	1	y	10	a
x	1	y	20	b
x	1	z	10	b
y	2	x	10	a
y	2	y	10	a
y	2	y	20	b
y	2	z	10	b

(c)

图 4.2 广义笛卡儿积运算举例

4.1.2 专门的关系运算

专门的关系运算包括选择、投影、连接、除等操作。

下面以如表 4.2～表 4.4 所示的关系为例,专门来学习关系运算。各关系包含的属性含义如下:

表 4.2 Student 表

no	Sname	Ssex	Sage	Sdept
S0001	赵菁菁	女	23	计算机系
S0002	李勇	男	20	计算机系
S0003	张力	男	19	计算机系
S0004	张衡	男	18	信息系
S0005	张向东	男	20	信息系
S0006	张向丽	女	20	信息系
S0007	王芳	女	20	计算机系
S0008	王民生	男	25	数学系
S0009	王小民	女	18	数学系
S0010	李晨	女	22	数学系

表 4.3 Course

Cno	Cname	Credit	Pcno
C001	高等数学	4	NULL
C002	大学英语	3	NULL
C003	大学物理	3	C001
C004	计算机文化学	2	NULL
C005	C 语言	4	C004
C006	数据结构	4	C005
C007	数据库原理	4	C006

表 4.4 SC

Sno	Cno	Grade
S0001	C001	96
S0001	C002	80
S0001	C003	84
S0001	C004	73
S0002	C001	87
S0002	C003	89
S0002	C004	67
S0002	C005	70
S0002	C006	80
S0003	C002	81
S0004	C001	69

Student：Sno(学号),Sname(姓名),Ssex(性别),Sage(年龄),Sdept(所在系)。
Course：Cno(课程号),Cname(课程名),Credit(学分),Pcno(直接先修课)。
SC：Sno(学号),Cno(课程号),Grade(成绩)。

1. 选择

选择也称为限制(Restriction),选择运算是一元运算,是指从指定的关系中选择满足给定条件(用逻辑表达式表达)的元组而组成一个新的关系。选择运算表达式为

$$\sigma_p(R) = \{t \mid t \in r \text{ and } p(t)\}$$

选择满足下标谓词(条件)的元组,t 是元组,$\{t \mid \cdots\}$ 表示满足该条件的元组集合,即一个关系(可能未命名)。输入关系 R 用圆括号括起来。下标 p 称为选择谓词,它是一个布尔表达式,由以下组成:

- (R 的)属性。
- 常量。
- 运算符:∧(与),∨(或),¬(非),=,≠,>,<,<=,*,/,+,-,…

例 4-1 运用关系代数表达式,从 Student 关系中检索出所有计算机系学生的信息。

$$\sigma_{\text{Sdept}="计算机系"}(\text{Student})$$

其结果如表 4.5 所示。

表 4.5 例 4-1 的选择结果

Sno	Sname	Ssex	Sage	Sdept
S0001	赵菁菁	女	23	计算机系
S0002	李勇	男	20	计算机系
S0003	张力	男	19	计算机系
S0007	王芳	女	20	计算机系

例 4-2 运用关系代数表达式,从 Student 关系中检索出所有信息系的女学生的信息。

$$\sigma_{\text{Sdept}="信息系" \wedge \text{Ssex}="女"}(\text{Student})$$

其结果如表 4.6 所示。

表 4.6 例 4-2 的选择结果

Sno	Sname	Ssex	Sage	Sdept
S0006	张向丽	女	20	信息系

从上面的例子看出,选择运算的结果一个(无名字的)关系,保留输入关系的全部属性,但只包含那些满足条件的元组。因此,选择运算选择的是一些元组。

2. 投影

投影运算是一元运算,指从输入关系 R 中选择出若干属性,产生一个仅包含 R 中某些属性的新关系,并消去重复元组。投影运算的表达式为

$$\prod A1, A2, \cdots, Ak(R) = \{t[A1, A2, \cdots, Ak] \mid t \in R\}$$

这里,$t[A1, A2, \cdots, Ak]$ 是一个新元组,仅包含原来 t 的 $A1, A2, \cdots, Ak$ 属性值,下标

$A1, A2, \cdots, Ak$ 是希望在结果中出现的属性。因此,投影运算选择的是一个属性。

例 4-3 运用关系代数表达式,在 Student 关系查询学生所在的系和姓名。

$$\Pi_{Sname, Sdept}(Student)$$

结果如表 4.7 所示。

表 4.7 例 4-3 的投影结果

Sname	Sdept	Sname	Sdept
赵菁菁	计算机系	张向丽	信息系
李勇	计算机系	王芳	计算机系
张力	计算机系	王民生	数学系
张衡	信息系	王小民	数学系
张向东	信息系	李晨	数学系

投影运算结果不仅消除了原关系中的某些列,而且还要去掉重复元组。

例 4-4 运用关系代数表达式,在 SC 关系查询被学生选修了的课程对应的课程号。结果如图 4.3 所示。

$$\Pi_{Cno}(SC)$$

Cno
C001
C002
C003
C004
C001
C003
C004
C005
C006
C002
C001

去掉重复的元组 →

Cno
C001
C002
C003
C004
C005
C006

图 4.3 例 4-4 的投影结果

3. 连接

连接也称为 θ 连接,从两个已知关系 R 和 S 的笛卡儿积中,选取属性之间满足连接一定条件的元组组成新的关系。记作

$$R \underset{A\theta B}{\bowtie} S = \{\widehat{t_r, t_s} \mid t_r \in R \land t_s \in S \land t_r[A]\theta t_s[B]\}$$

其中 A 和 B 分别是关系 R 和 S 上度数相等且可比的属性组,θ 是比较运算符。连接运算从关系 R 和 S 的笛卡儿积 $R \times S$ 中选取 R 关系在 A 属性组上的值与 S 关系在 B 属性组上值满足比较关系 θ 的元组。

有两类常用的连接运算:一种是等值连接(Equi-join),另一种是自然连接(Natural join)。

当 θ 为"="连接运算称为等值连接。它是从关系 R 和 S 的广义笛卡儿积中选取 A、B 属性值相等的元组。等值连接为

$$R \underset{A=B}{\bowtie} S = \{\widehat{t_r t_s} \mid t_r \in R \wedge t_s \in S \wedge t_r[A] = t_s[B]\}$$

自然连接是特殊的等值连接,它要求两个关系中进行比较的分量必须是相同的属性,并且在结果中把重复的属性列去掉。即若 R 和 S 具有相同的属性组 B,则自然连接可记作

$$R \bowtie S = \{\widehat{t_r t_s} \mid t_r \in R \wedge t_s \in S \wedge t_r[B] = t_s[B]\}$$

一般连接运算是从行的角度进行运算的,但自然连接还需要去掉重复的列,所以同时从行和列的角度进行运算。

自然连接和等值连接的差别如下:
- 自然连接要求相等的分量必须有共同的属性名,等值连接则不要求。
- 自然连接要求把重复的属性名去掉,等值连接却不这样做。

例 4-5 设有如表 4.8 所示的商品关系和如表 4.9 所示的销售关系,分别进行等值连接和自然连接运算。

表 4.8 商品表

商 品 号	商 品 名	进货价格
P01	34 平面电视	2400
P02	34 液晶电视	4800
P03	52 液晶电视	9600

表 4.9 销售

商 品 号	销 售 日 期	销售价格
P01	2009-03-04	2550
P02	2010-04-09	5000
P01	2010-05-12	2480
P02	2010-08-20	5100
P01	2010-09-14	2520

等值连接:

$$商品 \underset{商品.商品号=销售.商品号}{\bowtie} 销售$$

自然连接:

$$商品 \bowtie 销售$$

等值连接的结果如表 4.10 所示,自然连接的结果如表 4.11 所示。

表 4.10 例 4-5 等值连接结果

商 品 号	商 品 名	进货价格	商 品 号	销 售 日 期	销售价格
P01	34 平面电视	2400	P01	2009-03-04	2550
P01	34 平面电视	2400	P01	2010-05-12	2480
P01	34 平面电视	2400	P01	2010-09-14	2520
P02	34 液晶电视	4800	P02	2010-04-09	5000
P02	34 液晶电视	4800	P02	2010-08-20	5100

表 4.11 例 4-5 自然连接结果

商 品 号	商 品 名	进 货 价 格	销 售 日 期	销 售 价 格
P01	34 平面电视	2400	2009-03-04	2550
P01	34 平面电视	2400	2010-05-12	2480
P01	34 平面电视	2400	2010-09-14	2520
P02	34 液晶电视	4800	2010-04-09	5000
P02	34 液晶电视	4800	2010-08-20	5100

在例 4-5 中,我们可以看出关系商品、销售在做自然连接时,选择两个关系在公共属性上值相等的元组构成新的关系。此时,在"商品"关系中,某些元组(这样的元组可以称为失配元组)的商品号(这里是指 P03)在"销售"关系中没有出现(即此商品没有被销售过),则关于该商品的信息没有出现在连接结果当中。也就是说,在连接结果中会舍弃不满足连接条件(这里的连接条件时两个关系的商品号值相等)的元组。这种形式的连接称为内连接。

如果希望不满足连接条件元组也出现在连接结果中,则可以通过外连接(Outer Join)操作实现。外连接是对自然连接运算的扩展。为什么要扩展自然连接?原因就是自然连接可能会造成信息丢失。所以为避免信息丢失的这种情况,对失配元组,与一个空元组(所有属性值为 NULL)连接后,添加到结果关系中去,这就是外连接运算。

外连接有 3 种形式:左外连接(Left Outer Join)、右外连接(Right Outer Join)和全外连接(Full Outer Join)。

⟕ 左外连接 = 自然连接 + 左侧表的失配元组(与空元组连接)

⟖ 右外连接 = 自然连接 + 右侧表的失配元组(与空元组连接)

⟗ 全外连接 = 自然连接 + 两侧表的失配元组(与空元组连接)

商品关系与销售关系的左外连接表达式为

$$商品 ⟕ 销售$$

此连接的结果如表 4.12 所示。

表 4.12 商品和销售的左外连接结果

商 品 号	商 品 名	进 货 价 格	销 售 日 期	销 售 价 格
P01	34 平面电视	2400	2009-03-04	2550
P01	34 平面电视	2400	2010-05-12	2480
P01	34 平面电视	2400	2010-09-14	2520
P02	34 液晶电视	4800	2010-04-09	5000
P02	34 液晶电视	4800	2010-08-20	5100
P03	52 液晶电视	5200	NULL	NULL

设有如图 4.4(a)所示的关系 R 和如图 4.4(b)所示的关系 S,则这两个关系的自然连接结果如图 4.4(c)所示、左外连接、右外连接、全外连接的结果如图 4.4(d)~图 4.4(f)所示。

4. 除(division)

给定一个关系 $R(X,Z)$,X 和 Z 为属性组,当 $t[X]=x$ 时,x 在 R 中的像集(Images Set)定义为

	R				S				$R\bowtie S$		
A	B	C		B	C	D		A	B	C	D
a	1	a		2	c	2		a	1	a	1
b	3	c		1	a	1		c	5	e	4
c	5	e		5	e	4					
(a)				(b)				(c)			

$R⟕S$					$R⟖S$					$R⟗S$			
A	B	C	D		A	B	C	D		A	B	C	D
a	1	a	1		a	1	a	1		a	1	a	1
c	5	e	4		c	5	e	4		c	5	e	4
b	3	c	NULL		NULL	2	c	2		b	3	c	NULL
(d)					(e)					NULL	2	c	2
										(f)			

图 4.4 连接运算举例

$$Z_x = \{t[Z] \mid t \in R, t[X] = x\}$$

它表示 R 中属性组 X 上值为 x 的诸元组在 Z 上分量的集合。

例如，如图 4.5 中，x_1 在 R 中的像集 $Zx_1 = \{Z_1, Z_2, Z_3\}$，

x_2 在 R 中的像集 $Zx_2 = \{Z_2, Z_3\}$，

x_2 在 R 中的像集 $Zx_2 = \{Z_1, Z_3\}$。

关系 $R(X,Y)$ 和 $S(Y,Z)$，其中 X、Y、Z 为属性组。R 中的 Y 与 S 中的 Y 可以有不同的属性名但必须出自相同的域集。

R 与 S 的除运算得到一个新的关系 $P(X)$，P 是 R 中满足下列条件的元组在 X 属性列上的投影：元组在 X 上分量值 x 的像集 Y_x 包含 S 在 Y 上的投影的集合。记作

$$R \div S = \{t_r[X] \mid t_r \in R \wedge \pi_y(S) \subseteq Y_x\}, x = t_r[X]$$

其中 Y_x 为 x 在 R 上的像集。

	R
X_1	Z_1
X_1	Z_2
X_1	Z_3
X_2	Z_2
X_2	Z_3
X_3	Z_1
X_3	Z_3

图 4.5 像集举例

例 4-6 设有关系 R、S 分别为图 4.6 中的(a)和(b)，$R \div S$ 的结果为图 4.6(c)。在关系 R 中，A 可以取 4 个值 $\{a_1, a_2, a_3, a_4\}$。其中：

a_1 的像集为 $\{(b_1, c_2), (b_2, c_3), (b_2, c_1)\}$

a_2 的像集为 $\{(b_3, c_7), (b_2, c_3)\}$

a_3 的像集为 $\{(b_4, c_6)\}$

a_4 的像集为 $\{(b_6, c_6)\}$

S 在 (B,C) 上的投影为 $\{(b_1, c_2), (b_2, c_3), (b_2, c_1)\}$

显然只有 a_1 的像集 $(B,C)a_1$ 包含了 S 在 (B,C) 属性组上的投影，所以

$$R \div S = \{a_1\}$$

下面给出一些关系运算的综合的例子，这些例题所用的关系如表 4.2～表 4.4 所示。

例 4-7 查询年龄小于 16 岁的学生的姓名。

$$\Pi_{\text{Sname}}(\sigma_{\text{sage}<16}(\text{Student}))$$

	R				S	
A	B	C		B	C	D
a_1	b_1	c_2		b_1	c_2	d_1
a_2	b_3	c_7		b_2	c_1	d_1
a_3	b_4	c_6		b_2	c_3	d_2
a_1	b_2	c_3			(b)	
a_4	b_6	c_6				
a_2	b_2	c_3				
a_1	b_2	c_1				

(a)

$R \div S$

A
a_1

图 4.6　除法运算举例

例 4-8　查询选修了课程名为"数据结构"的学生的姓名。

$$\Pi_{Sname}(\sigma_{cname='数据结构'}(Course \bowtie SC \bowtie Student))$$

例 4-9　查询选修了全部课程的学生的学号。

$$\Pi_{sno,cno}(SC) \div \Pi_{cno}(Course)$$

4.2　单表查询

SQL 语言(Structured Query Language)的核心是数据查询。对于数据库的查询操作是通过 SELECT 查询命令实现的,单表查询是指仅涉及一个表的查询。

如果没有特别说明,所有有关 SQL 查询操作都建立在 4.1 节创建的 3 张表(Student 关系、Course 关系和 SC 关系)的基础上。

查询语句格式:

```
SELECT [ALL|DISTINCT] <目标列表达式>,<目标列表达式> …
FROM <表名或视图名>[, <表名或视图名> ] …
[ WHERE <条件表达式> ]
[ GROUP BY <列名 1> [ HAVING <条件表达式> ] ]
[ ORDER BY <列名 2> [ ASC|DESC ] ];
```

其中:

- SELECT 子句——指定要显示的属性列。
- FROM 子句——指定查询对象(基本表或视图)。
- WHERE 子句——指定查询条件。
- GROUP BY 子句——对查询结果按指定列的值分组,该属性列值相等的元组为一个组。
- HAVING 短语——筛选出只有满足指定条件的组。
- ORDER BY 子句——对查询结果表按指定列值的升序或降序排序。

4.2.1　基本查询

1. 简单无条件查询

在数据库的查询中,有时候需要查看整个表信息。

例 4-10 查询 Student 表中的所有记录的所有属性。

语句如下：

```
SELECT *
FROM Student
```

说明：*表示所有列。

2．简单的条件查询

在一些查询中，经常需要根据某种条件进行查询。将条件写在 WHERE 子句，关于 WHERE 子句更详细的介绍在 4.2.3 节中阐述。

例 4-11 在表中查询所有女生的信息。

```
SELECT *
FROM Student
WHERE Ssex = '女'
```

查询结果如图 4.7 所示（本章给出的查询结果均为 SQL Server 2008 中执行产生的结果形式）。

3．选择部分列的查询

在很多情况下，用户只对表中的一部分属性列感兴趣，这可以通过 SELECT 子句的 ＜目标表达式＞中指定要查询的属性列。

例 4-12 Student 表中查询计算机系的学生的学号、姓名、性别和系的信息。查询结果如图 4.8 所示。

```
SELECT Sno,Sname,Ssex,Sdept
FROM Student
WHERE Sdept = '计算机系'
```

	Sno	Sname	Ssex	Sage	Sdept
1	S0001	赵菁菁	女	23	计算机系
2	S0006	张向丽	女	20	信息系
3	S0007	王芳	女	20	计算机系
4	S0009	王小民	女	18	数学系
5	S0010	李晨	女	22	数学系

图 4.7 例 4-11 的查询结果

	Sno	Sname	Ssex	Sdept
1	S0001	赵菁菁	女	计算机系
2	S0002	李勇	男	计算机系
3	S0003	张力	男	计算机系
4	S0007	王芳	女	计算机系

图 4.8 例 4-12 的查询结果

说明：＜目标表达式＞中各个列的先后顺序可以与表中的顺序不一致。用户可以根据应用的需要改变列的显示顺序。

4．消除重复行

在 SELECT 使用 DISTINCT 关键字可以去掉结果中的重复行。DISTINCT 关键字放在 SELECT 词的后面、目标列名序列的前面。

例 4-13 查询中有哪些课程被学生选修，列出课程号。

（1）SELECT Cno

```
FROM SC
```

查询结果如图 4.9(a)所示。

(2)
```
SELECT DISTINCT Cno
FROM SC
```

查询结果如图 4.9(b)所示。

	Cno
1	C001
2	C002
3	C003
4	C004
5	C001
6	C003
7	C004
8	C005
9	C006
10	C002
11	C001

(a) 未去掉重复值的结果

	Cno
1	C001
2	C002
3	C003
4	C004
5	C005
6	C006

(b) 用DISTINCT去掉重复值后的结果

图 4.9 例 4-13 的查询结果

5. 查询限定行数

如果 SELECT 语句返回的结果集合中的行数太多,可以使用 TOP n 选项返回查询结果集合中的指定的前 n 行数据。

例 4-14 显示学生表 Student 中前两行数据。查询结果如图 4.10 所示。

```
SELECT TOP 2 *
FROM Student
```

	Sno	Sname	Ssex	Sage	Sdept
1	S0001	赵菁菁	女	23	计算机系
2	S0002	李勇	男	20	计算机系

图 4.10 例 4-14 的查询结果

如果要查询表 STUDENT 前 50%的数据呢?语句如下:

```
SELECT TOP 50 PERCENT *
FROM Student
```

4.2.2 使用列表达式

SELECT 子句的<目标列表达式>不仅可以是表中的属性列,也可以是表达式,表达式可以是算术表达式、字符串常量、函数、列别名等。

例 4-15 查全体学生的姓名及其出生年份。

代码如下:

```
SELECT Sname,2015 - Sage
FROM Student
```

运行结果如图 4.11 所示。

注:表达式在查询结果中显示的列名是无列名。

例 4-16 使用列别名改变查询结果的列标题。

```
SELECT Sname AS 姓名, '出生年份为: ',2015 - Sage AS 出生年份
FROM Student
```

运行结果如图 4.12 所示。

	Sname	(无列名)
1	赵菁菁	1992
2	李勇	1995
3	张力	1996
4	张衡	1997
5	张向东	1995
6	张向丽	1995
7	王芳	1995
8	王民生	1990
9	王小民	1997
10	李晨	1993

图 4.11 例 4-15 的查询结果

	姓名	(无列名)	出生年份
1	赵菁菁	出生年份为:	1992
2	李勇	出生年份为:	1995
3	张力	出生年份为:	1996
4	张衡	出生年份为:	1997
5	张向东	出生年份为:	1995
6	张向丽	出生年份为:	1995
7	王芳	出生年份为:	1995
8	王民生	出生年份为:	1990
9	王小民	出生年份为:	1997
10	李晨	出生年份为:	1993

图 4.12 例 4-16 的查询结果

其中 AS 可以省略，注意更改的是查询结果显示的列标题，这是列的别名，而不是更改了数据库表或视图的列标题。

4.2.3 查询满足条件的元组

使用 WHERE 子句查询满足条件的元组，WHERE 子句常用的查询条件如表 4.13 所示。

表 4.13 常用查询条件

查询条件	谓词
比较	=、>、<、>=、<=、!=、<>、!>、!<
确定范围	between and、not between and
确定集合	in、not in
字符匹配	like、not like
空值	is null、is not null
多重条件	and、or

1. 比较表达式

例 4-17 在 Student 表中查询所有年龄在 20 岁以下的学生姓名及其年龄。

```
SELECT Sname, Sage
FROM Student
WHERE Sage < 20
```

查询结果如图 4.13 所示。

	Sname	Sage
1	张力	19
2	张衡	18
3	王小民	18

图 4.13 例 4-17 查询结果

2. 确定范围

between…and 和 not between…and 是逻辑运算符，可以用来

查找属性值在(或不在)指定范围的元组,其中 between 后面可以指定范围的下限,and 后面可以指定范围的上限。

between…and 的语法格式如下:

列名|表达式[not] between 下限值 and 上限值

"between 下限值 and 上限值"的含义是:如果列或表达式的值在下限值和上限值范围内(包括边界值),则结果为 True,表明此记录符合查询条件。

注意:下限值<上限值。

"not between 下限值 and 上限值"的含义正好相反:如果列或表达式的值不在下限值和上限值范围内(不包括边界值),则结果为 True,表明此记录符合查询条件。

例 4-18 查询 SC 表中考试成绩在 60～70 之间(含 60、含 70)的学号、课程号、成绩。

```
SELECT Sno,Cno,Grade
FROM SC
    WHERE grade BETWEEN 60 AND 70
```

此语句等价于

```
SELECT Sno,Cno,Grade
    FROM SC
WHERE Grade>=60 AND Grade<=70
```

图 4.14 例 4-18 查询结果

查询的结果见图 4.14 所示。

例 4-19 查询数据库表 SC 中考试成绩不在 60～70 分之间的学号、课程号、成绩。

```
SELECT Sno,Cno,Grade
FROM SC
WHERE grade not BETWEEN 60 AND 70
```

此语句等价于

```
SELECT Sno,Cno,Grade
FROM SC
WHERE Grade<60 or Grade>70
```

例 4-20 对于日期类型的数据也可以使用基于范围的查找。例如,设有图书表(书号,类型,价格,出版日期),查找 2009 年 7 月出版的图书信息的语句如下:

```
SELECT 书号,类型,价格,出版日期
FROM 图书表
WHERE 出版日期 BETWEEN '2009-7-1' AND '2009-7-31'
```

3. 确定集合

确定集合使用 IN 运算符,用来查找属性值属于指定集合的元组
格式为

列名[NOT] IN (常量1,常量2,…,常量n)

当列中的值与 IN 中的某个常量值相等时,表明此记录为符合查询条件的记录;

NOT IN：当列中的值与某个常量值相同时，表明此记录不符合查询条件的记录。

例 4-21 在 Student 表中查询信息系和数学系的学生的姓名、性别和年龄。

```
SELECT Sname,Ssex,Sdept
FROM Student
WHERE Sdept IN ('计算机系','数学系')
```

此句等价于

```
SELECT Sname,Ssex,Sdept
FROM Student
WHERE Sdept = '计算机系' or Sdept = '数学系'
```

例 4-22 在 Student 表中查询既不是信息系也不是数学系学生的姓名、性别和年龄。

```
SELECT Sname,Ssex,Sdept
FROM Student
WHERE Sdept not IN ('计算机系','数学系')
```

此句等价于

```
SELECT Sname,Ssex,Sdept
FROM Student
WHERE Sdept!= '计算机系' and Sdept!= '数学系'
```

4. 字符串匹配

LIKE 用来查找指定列中与匹配串常量匹配的元组。匹配串可以是完整的字符串，也可以含有通配符。通配符用于表示任意的字符或字符串。在实际应用中，如果需要从数据库中检索数据，但又不能给出精确的字符查询条件时，就可以使用 LIKE 运算符和通配符来实现模糊查询。在 LIKE 运算符前边也可以使用 NOT 运算符，表示对结果取反。模式查询条件，含义是查找指定的属性列值与匹配串相匹配的元组。

LIKE 运算符的一般语法格式如下：

列名 [NOT] LIKE <匹配串>

匹配串可以是完整的字符串，也可以含有％和 - 。其中：

- ％（百分号）——代表任意长度（长度也可为0）的字符串。
- _（下划线）——代表任意单个字符。
- [ ]（中括号）——代表匹配中括号里的任意字符。
- [^]——不匹配 [ ] 中的任意一个字符。
- ESCAPE——换码字符，出现在 ESCAPE 后面的字符为换码字符。

例 4-23 在 Student 表查询所有姓张的学生的姓名、学号和性别。

```
SELECT Sname,Ssex,Sdept
FROM Student
WHERE Sname LIKE '张％'
```

例 4-24 在 Student 表查询所有不姓张的学生的姓名、学号和性别。

```
SELECT SNAME, SNO, SAGE
FROM STUDENT
WHERE SNAME NOT LIKE '张%'
```

例 4-25 在 Student 表查询名字中第 2 个字为"向"字的学生的姓名和学号。

```
SELECT SNAME, SNO
FROM STUDENT
WHERE SNAME LIKE '_向%'
```

5. 涉及空值的查询

在数据库中，NULL 是一个不确定的值。因此，在涉及空值的查询中，不能用"＝"，而是使用 IS NULL 或者 IS NOT NULL 来指定这种查询条件。

例 4-26 在 Course 表中查询哪些课程没有先修课程。列出其课程号、课程名、学分。

```
SELECT Cno, Cname, Credit
FROM Course
WHERE Pcno IS NULL
```

运行结果如图 4.15 所示。

6. 多重条件查询

除了前面的查询条件以外，还可使用逻辑运算符才算完整的查询条件。NOT 是用来反转查询条件，逻辑运算符 AND 和 OR 是用来连接多个查询条件，AND 的优先级高于 OR，不过可以用括号改变优先级。

例 4-27 在 Course 表中查询没有先修课程并且学分为 2 的课程信息。

```
SELECT *
FROM Course
WHERE Pcno IS NULL AND Credit = 2
```

运行结果如图 4.16 所示。

	Cno	Cname	Credit
1	C001	高等数学	4
2	C002	大学英语	3
3	C004	计算机文化学	2

图 4.15 例 4-26 的查询结果

	Cno	Cname	Credit	Pcno
1	C004	计算机文化学	2	NULL

图 4.16 例 4-27 的查询结果

例 4-28 在 Student 表中查询计算机系、数学系这两个系的男学生的信息。

```
SELECT *
FROM Student
WHERE (Sdept = '计算机系' or Sdept = '数学系') and Ssex = '男'
```

运行结果如图 4.17 所示。

注意，这道例题采用了括号来改变优先级。

	Sno	Sname	Ssex	Sage	Sdept
1	S0002	李勇	男	20	计算机系
2	S0003	张力	男	19	计算机系
3	S0008	王民生	男	25	数学系

图 4.17 例 4-28 的查询结果

4.2.4 对查询结果进行排序

有时需要对查询的结果进行排序,这时可以用 ORDER BY 子句进行排序,ORDER BY 子句是根据查询结果中的一个字段或者多个字段对查询结果进行排序。

ORDER BY 子句语法格式如下:

ORDER BY{<排序表达式>[ASC|DESC]}[,…n]

其中<排序表达式>用于指定排序的依据,可以是字段名也可以是字段别名。ASC 和 DESC 指定排序方向,ASC 指定字段的值按照升序排列,DESC 指定排序方式为降序排列。如果没有指定具体的排序,则默认值为升序排列。

例 4-29 在 SC 表中查询学号为 S0001 的学生的选课信息,并按成绩(GRADE)降序排序。

```
SELECT *
FROM SC
WHERE Sno = 'S0001'
ORDER BY Grade DESC
```

例 4-30 在表 Student 表查询学生的信息,要求先按系别排升序,同一个系的学生再按年龄进行排降序。

```
SELECT *
FROM Student
ORDER BY Sdept,Sage DESC
```

查询结果如图 4.18 所示。

	Sno	Sname	Ssex	Sage	Sdept
1	S0001	赵菁菁	女	23	计算机系
2	S0002	李勇	男	20	计算机系
3	S0007	王芳	女	20	计算机系
4	S0003	张力	男	19	计算机系
5	S0008	王民生	男	25	数学系
6	S0010	李晨	女	22	数学系
7	S0009	王小民	女	18	数学系
8	S0005	张向东	男	20	信息系
9	S0006	张向丽	女	20	信息系
10	S0004	张衡	男	18	信息系

图 4.18 例 4-30 的查询结果

4.2.5 聚合函数

为了进一步方便用户,增强检索功能,SQL 提供了许多聚集函数,主要有

```
Count ([distinct | all] * )          统计元组(记录)个数
Count ([distinct | all]<列名>)        统计一列中值(不为 NULL)的个数
Sum ([distinct | all]<列名>)          求一列值的总合(必须为数值型)
Avg ([distinct | all]<列名>)          求一列值的平均数(必须为数值型)
Max ([distinct | all]<列名>)          求一列值中的最大值
Min ([distinct | all]<列名>)          求一列值中的最小值
```

统计函数在查询结果中的列显示为无列名。

例 4-31 在 Student 表中查询学生总数。

```
SELECT COUNT( * ) AS 学生数
FROM Student
```

或者

```
SELECT COUNT(Sno) AS 学生数
FROM Student
```

例 4-32　在 SC 表中统计 C002 号课程的最高分和最低分。

```
SELECT MAX(Grade)最高分,MIN(Grade)最低分
FROM SC
WHERE Cno = 'C002'
```

例 4-33　在 SC 表中查询选修了课程的学生人数。

```
SELECT COUNT(distinct Sno) AS 选修了课程的学生人数
FROM SC
```

	选修了课程的学生人数
1	4

图 4.19　例 4-33 的查询结果

运行结果如图 4.19 所示。

例 4-34　在 SC 表中查询 S0001 号学生的总分、平均分。

```
SELECT SUM(Grade) 总分,AVG(Grade) 平均分
FROM SC
WHERE Sno = 'S0001'
```

注意：统计函数不能出现在 where 字句中。

4.2.6　GROUP BY 子句

GROUP BY 子句用于对查询结果按某一列或多列的值分组，值相等的分为一组。对查询结果分组的目的是为了细化聚集函数的作用对象。如果未对查询结果分组，聚集函数将作用于整个查询结果。如上面的例 4-31～例 4-34。

例 4-35　查询各个系的学生人数。

```
SELECT Sdept,COUNT( * ) 人数
FROM Student
GROUP BY Sdept
```

运行结果如图 4.20 所示。

该语句对查询结果按 Sdept 的值分组，所有具有相同 Sdept 值的元组为一组，然后对每一组作用聚集函数 COUNT 计算，以求得该组的学生人数。

注意：SELECT 子句的列表中只能包含在 GROUP BY 中分组指定的列或者聚合函数（任意属性）。

例 4-36　求每门课程的相应的选课人数和平均分数，并按照平均分排升序。

```
SELECT Cno 课程号,COUNT(Sno) 人数,AVG(Grade) 平均分
FROM SC
GROUP BY Cno
ORDER BY AVG(Grade)
```

运行结果如图 4.21 所示。

	Sdept	人数
1	计算机系	4
2	数学系	3
3	信息系	3

图 4.20　例 4-35 的查询结果

	课程号	人数	平均分
1	C004	2	70
2	C005	1	70
3	C006	1	80
4	C002	2	80.5
5	C001	3	84
6	C003	2	86.5

图 4.21　例 4-36 的查询结果

如果分组后还要求按一定的条件对这些组进行筛选,最终只输出满足指定条件的组,可以使用 HAVING 短语指定筛选条件。需要注意的是,HAVING 子句只能配合 Group By 子句使用,而不能单独出现。HAVING 子句作用是:在分组后,筛选满足条件的分组。

在分组限定条件中出现的属性只能是以下形式:
- 分组属性。
- 聚集函数(任意属性)。

例 4-37 查询出平均分数在 85 分以上的课程的相应的选课人数和平均分数。

```
SELECT Cno 课程号,COUNT(Sno) 人数,AVG(Grade) 平均分
FROM SC
GROUP BY Cno
Having AVG(Grade)> 85
```

运行结果如图 4.22 所示。

课程号	人数	平均分
1	C003	2	86.5

图 4.22 例 4-37 的查询结果

例 4-38 查询哪些系的女生人数超过 3 人。

```
SELECT Sdept,COUNT(Sno) 人数
FROM Student
WHERE Ssex = '女'
GROUP BY Sdept
Having COUNT(Sno)> 3
```

HAVING 短语与 WHERE 子句的区别如下:
- 作用对象不同,WHERE 子句作用于基表或视图,从中选择满足条件的元组。HAVING 短语作用于组,从中选择满足条件的组。
- WHERE 子句中不能使用聚集函数;而 HAVING 短语中可以使用聚集函数。

通过本节的学习,我们还应该特别注意查询语句中各个子句的运算先后次序:
From(笛卡儿积)→ [Where(选择)] → [Group By(分组)] → [Having(限定分组)] → [Select(投影,或统计)] → [Order By(结果排序)]。

4.3 连接查询

前面介绍的查询都是针对一个表进行的,在实际查询中往往需要从多个表中获取信息,这时的查询就会涉及多张表。若一个查询同时涉及两个或两个以上的表,则称为连接查询。连接查询是关系数据库中的最主要的查询,主要包括内连接、左外连接、右外连接、全外连接和交叉连接等。本章只介绍内连接、左外连接、右外连接。

4.3.1 内连接查询

内连接是最常用的连接,使用内连接时,如果两个表的相关字段满足连接条件,则从这两个表中提取数据并组合新的记录。

在非 ANSI 标准的实现中,连接操作是在 WHERE 子句中执行的(即在 WHERE 子句中指定表连接条件);在 ANSI SQL-92 中,连接是在 JOIN 子句中执行的。这些连接方式分

别被称为 θ 连接方式和 ANSI 连接方式。本章主要介绍 ANSI 连接方式。

ANSI 连接方式的内连接语法格式如下：

SELECT <列名表>
FROM 表名 1 [INNER] JOIN 表名 2 ON <连接条件>

在连接条件中指明两个表按照什么条件进行连接，连接条件中的比较运算符称为连接谓词。连接条件中的连接字段必须是可比的，即必须是语义相同的列，否则比较将是无意义的。连接条件的一般格式如下：

表名 1.列名 <比较运算符> 表名 2.列名

当比较运算符为等号(=)时，称为等值连接，使用其他运算符的连接称为非等值连接。这同关系代数中的等值连接和 θ 连接的含义是一样的。

从概念上讲，DBMS 执行连接操作的过程是：首先取表中的第 1 个元组，然后从头开始扫描表 2，逐一查找满足连接条件的元组，找到后将表 1 中的第 1 个元组与该元组拼接起来，形成结果表中的一个元组。表 2 全部查找完毕后，再取表 1 中的第 2 个元组，然后再从头开始扫描表 2，逐一查找满足连接条件的元组，找到后就将表 1 中的第 2 个元组与该元组拼接起来，形成结果表中的另一个元组。重复这个过程，直到表 1 中的全部元组处理完毕。

例 4-39 查询每个学生的学号、姓名、性别、年龄、所在系和选课信息。

由于学生的基本信息存放在 Student 表中，学生选课信息存放在 SC 表中，因此这个查询涉及两个表，这两个表之间进行连接的条件是两个表的 Sno 相等。

SELECT Student.Sno,Sname,Ssex,Sage,Sdept,SC.Sno,Cno,Grade
FROM Student JOIN SC ON Student.Sno = SC.Sno

或者采用 θ 的连接方式

SELECT Student.Sno,Sname,Ssex,Sage,Sdept,SC.Sno,Cno,Grade
FROM Student,SC
WHERE Student.Sno = SC.Sno

查询结果如图 4.23 所示。

	Sno	Sname	Ssex	Sage	Sdept	Sno	Cno	Grade
1	S0001	赵菁菁	女	23	计算机系	S0001	C001	96
2	S0001	赵菁菁	女	23	计算机系	S0001	C002	80
3	S0001	赵菁菁	女	23	计算机系	S0001	C003	84
4	S0001	赵菁菁	女	23	计算机系	S0001	C004	73
5	S0002	李勇	男	20	计算机系	S0002	C001	87
6	S0002	李勇	男	20	计算机系	S0002	C003	89
7	S0002	李勇	男	20	计算机系	S0002	C004	67
8	S0002	李勇	男	20	计算机系	S0002	C005	70
9	S0002	李勇	男	20	计算机系	S0002	C006	80
10	S0003	张力	男	19	计算机系	S0003	C002	81
11	S0004	张衡	男	18	信息系	S0004	C001	69

图 4.23 例 4-39 的查询结果

从图 4.23 可以看出，两个表的连接结果中包含了两个表的全部列。Sno 列有两个：一个是来自 Student 表，一个来自 SC 表，这两个列的值完全相同的（因为这里的连接条件就是

Student.Sno=SC.Sno)。因此,在写多表连接查询时有必要将这些重复的列去掉,方法是在 SELECT 子句中直接写出所需要的列名,而不是写"*"。另外,由于进行多表连接之后,连接生成的表可能存在列名相同的列,因此,为了明确需要的是哪个列,可以在列名前添加表名前缀限制,其格式如下:

表名.列名

比如在例 4-39 的 ON 子句中对 Sno 列就加上了表名前缀限制。

若在等值连接中目标列中重复的属性列去掉则为自然连接。

例 4-40 查询选修了高等数学的学生的基本信息、成绩、课程号,列出学号、姓名、所在系、性别、课程号、成绩(去掉重复的列)。

```
SELECT Student.Sno,Sname,Ssex,Sage,Sdept,Course.Cno,Grade
FROM Student JOIN SC ON Student.Sno = SC.Sno
          JOIN Course ON SC.Cno = Course.Cno
WHERE Course.Cname = '高等数学'
```

查询结果如图 4.24 所示。

可以在 From 字句中为表指定别名,其格式如下:

<原表名> [AS] <表别名>

例 4-41 查询每门课程的选修人数,列出课程名称和课程号。

```
SELECT C.Cno,C.Cname,COUNT(Sno) as 选修人数
FROM SC JOIN Course C ON SC.Cno = C.Cno
GROUP BY C.Cno,C.Cname
```

查询结果如图 4.25 所示。

	Sno	Sname	Ssex	Sage	Sdept	Cno	Grade
1	S0001	赵菁菁	女	23	计算机系	C001	96
2	S0002	李勇	男	20	计算机系	C001	87
3	S0004	张衡	男	18	信息系	C001	69

图 4.24 例 4-40 的查询结果

	Cno	Cname	选修人数
1	C001	高等数学	3
2	C002	大学英语	2
3	C003	大学物理	2
4	C004	计算机文化学	2
5	C005	C语言	1
6	C006	数据结构	1

图 4.25 例 4-41 的查询结果

4.3.2 自连接查询

连接操作不仅可以在两个表之间进行,也可以是一个表与其自己进行连接,称为表的自连接。自连接是一种特殊的内连接,它是指相互连接的表在物理上为同一张表,但在逻辑上将其看成是两张表。

只有通过为表取别名的方法,才能让物理上的一张表在逻辑上成为两个表。例如:

```
FROM 表 1 AS T1  -- 在内存中生成表名为 T1 的表(逻辑上的表)
FROM 表 1 AS T2  -- 在内存中生成表名为 T2 的表(逻辑上的表)
```

因此,在使用自连接时一定要为表取别名。

例 4-42 查询每门课程的先修课程名称。

分析：在 Course 表中，只有每门课的先修课程号，而没有先修课的课程名称。要得到这个信息，必须先对一门课找到其先修课课程号，再按此先修课的课程号查找它的课程名称。这就要将 Course 表与其自身连接。

为此，要为 Course 表取两个别名：一个是 FIRST，另一个是 SECOND。

如图 4.26(a)所示为 FIRST 表，图 4.26(b)为 SECOND 表，如要查"数据库原理"这门课的先修课名称，先在 FIRST 表中查找"数据库原理"的先修课程号，然后再根据这个先修课程号到 SECOND 表中查其对应的课程名称。

```
SELECT FIRST.Cname 课程名,SECOND.Cname 先修课程名
FROM Course AS FIRST,Course AS SECOND
ON FIRST.Pcno = SECOND.Cno
```

查询结果如图 4.26(c)所示。

图 4.26 例 4-42 的查询结果

例 4-43 查询哪些学生的年龄比李勇年龄小，列出其学号、姓名、性别、年龄。

这个例子只要把 Student 想象成两张表，一张表 s1 作为查询条件的表，如图 4.27(a)所示，在此表中设置条件"s1.Sname = '李勇'"；然后另一张表 s2 作为结果的表，如图 4.27(b)所

图 4.27 例 4-43 的查询结果

示,在 s2 表中找出年龄比李勇小的学生的信息。

```
select s2.Sno, s2.Sname,s2.Ssex,s2.Sage
from Student s1 join Student s2 on s1.Sage > s2.Sage
where s1.Sname = '李勇'
```

查询结果如图 4.27 所示。

4.3.3 外连接查询

在通常的内连接操作中,只有满足连接条件的元组才能作为结果输出。如例 4-42 中的图 4.26(c)没有列出"高等数学""大学英语"这几门课的先修课程的情况,原因在于这些课程的先修课程号为 NULL,也就是说,这些课程没有先修课程,在 SECOND 中没有相应的元组,造成 FIRST 中的这些元组在连接时被舍弃了。

若现在需要将每门课程的先修课程都列出来,没有先修课程在查询结果的先修课程名显示 NULL 即可。为满足这一查询就必须使用外连接。

这里主要学习左外连接(LEFT OUTER JOIN 或 LEFT JOIN)和右外连接(RIGHT OUTER JOIN 或 RIGHT JOIN)。

ANSI 方式的外连接的语法格式如下:

```
FROM 表 1 LEFT|RIGHT [OUTER] JOIN 表 2 ON <连接条件>
```

左外连接包括表 1("左"表,出现在 JOIN 子句的最左边)中的所有行,限制表 2(右表)中的行必须满足连接条件。右外连接包括表 2("右"表,出现在 JOIN 子句的最右边)中的所有行,限制左表中行必须满足连接条件。在 Microsoft SQL Server 中,OUTER 不要写出来,否则系统会报错。

例 4-44 查询每个学生的基本信息及其选修课程的情况(包括没有选修课程的学生也列出基本信息)。

```
SELECT Student.*,SC.*
FROM Student LEFT JOIN SC ON Student.Sno = SC.Sno
```

查询结果如图 4.28 所示。

	Sno	Sname	Ssex	Sage	Sdept	Sno	Cno	Grade
1	S0001	赵菁菁	女	23	计算机系	S0001	C001	96
2	S0001	赵菁菁	女	23	计算机系	S0001	C002	80
3	S0001	赵菁菁	女	23	计算机系	S0001	C003	84
4	S0001	赵菁菁	女	23	计算机系	S0001	C004	73
5	S0002	李勇	男	20	计算机系	S0002	C001	87
6	S0002	李勇	男	20	计算机系	S0002	C003	89
7	S0002	李勇	男	20	计算机系	S0002	C004	67
8	S0002	李勇	男	20	计算机系	S0002	C005	70
9	S0002	李勇	男	20	计算机系	S0002	C006	80
10	S0003	张力	男	19	计算机系	S0003	C003	81
11	S0004	张衡	男	18	信息系	S0004	C001	69
12	S0005	张向东	男	20	信息系	NULL	NULL	NULL
13	S0006	张向丽	女	20	信息系	NULL	NULL	NULL
14	S0007	王芳	女	20	计算机系	NULL	NULL	NULL
15	S0008	王民生	男	25	数学系	NULL	NULL	NULL
16	S0009	王小民	女	18	数学系	NULL	NULL	NULL
17	S0010	李晨	女	22	数学系	NULL	NULL	NULL

图 4.28 例 4-44 的查询结果

例 4-45 查询每门课程基本信息和先修课程名称(如果该课程没有先修课程也请列出该课程的基本信息)。

```
SELECT FIRST. * ,SECOND.Cname 先修课程名
FROM Course AS FIRST LEFT JOIN Course AS SECOND ON FIRST.Pcno = SECOND.Cno
```

查询结果如图 4.29 所示。

例 4-46 查询没有人选修的课程对应的基本信息。

```
SELECT C. *
FROM SC RIGHT  JOIN Course  C ON SC.Cno = C.Cno
WHERE SC.Sno IS NULL
```

查询结果如图 4.30 所示。

	Cno	Cname	Credit	Pcno	先修课程名
1	C001	高等数学	4	NULL	NULL
2	C002	大学英语	3	NULL	NULL
3	C003	大学物理	3	C001	高等数学
4	C004	计算机文化学	2	NULL	NULL
5	C005	C语言	4	C004	计算机文化学
6	C006	数据结构	4	C005	C语言
7	C007	数据库原理	4	C006	数据结构

图 4.29 例 4-45 的查询结果

	Cno	Cname	Credit	Pcno
1	C007	数据库原理	4	C006

图 4.30 例 4-46 的查询结果

例 4-47 查询每个学生的选课门数,包括没有选课的学生。

```
SELECT Student.Sno,COUNT(Cno)选课门数
FROM Student LEFT JOIN SC ON Student.Sno = SC.Sno
GROUP BY Student.Sno
```

查询结果如图 4.31(a)所示。

再看另一种写法:

```
SELECT Student.Sno,COUNT( * )选课门数
FROM Student LEFT JOIN SC ON Student.Sno = SC.Sno
GROUP BY Student.Sno
```

查询结果如图 4.31(b)所示,显然这个结果是不正确的,思考原因。

	Sno	选课门数
1	S0001	4
2	S0002	5
3	S0003	1
4	S0004	1
5	S0005	0
6	S0006	0
7	S0007	0
8	S0008	0
9	S0009	0
10	S0010	0

(a)

	Sno	选课门数
1	S0001	4
2	S0002	5
3	S0003	1
4	S0004	1
5	S0005	1
6	S0006	1
7	S0007	1
8	S0008	1
9	S0009	1
10	S0010	1

(b)

图 4.31 例 4-47 的查询结果

在对外连接的结果进行分组、统计等操作时,一定要注意分组依据列和统计列的选择。例如,对于例 4-47,如果按 SC 表 Sno 进行分组,则对没选课的学生,在连接结果中 SC 表对应的是 Sno 是 NULL,因此按 SC 表的 Sno 进行分组,就会产生一个 NULL 组。同样对于 COUNT 统计函数也是一样,如果写成 COUNT(Student.Sno)或者是 COUNT(*),则对没选课的学生都将返回 1,因为在外连接结果中,Student.Sno 不会是 NULL,而 COUNT(*)函数本身也不考虑 NULL,它是直接对元组个数进行计数。

4.4 子查询

在 SQL 语言中，一个 SELECT-FROM-WHERE 语句称为一个查询块。

如果一个 SELECT 语句嵌套在一个 SELECT、INSERT、UPDATE 或 DELETE 语句中，则称之为子查询（subquery）或内层查询；而包含子查询的语句称为父查询或外层查询。一个子查询也可以嵌套在另一个子查询中。为了与外层查询有所区别，总是把子查询写在圆括号中。与外层查询类似，子查询语句中也必须至少包含 SELECT 子句和 FROM 子句，并根据需要选择使用 WHERE 子句、GROUP BY 子句、FROM 子句和 HAVING 子句。

例 4-48 查询成绩最高的那个学生的学号、课程号和成绩。

分析：做这个查询需要两个步骤。

第一步，通过查询得到最高分是多少。

```
SELECT MAX(Grade) FROM SC
```

查询结果如图 4.32(a)所示。

第二步，再根据这个最高分在 SC 表中查询它的学号、课程号和成绩。命令如下：

```
SELECT Sno,Cno,Grade FROM SC WHERE Grade = 96
```

图 4.32 例 4-48 的查询结果

查询结果如图 4.32(b)所示。

考虑将第一步查询嵌入到第二步查询的条件中，构造嵌套查询如下：

```
SELECT SNO,CNO,GRADE
FROM SC
WHERE GRADE = (SELECT MAX(GRADE) FROM SC)
```

子查询语块"SELECT MAX(Grade) FROM SC"嵌套在父查询"SELECT Sno,Cno,Grade FROM SC"的 WHERE 条件语句中。本例中，子查询的条件不依赖于父查询，称为不相关子查询。它的求解方法是由里向外处理，即先执行子查询，子查询的结果用于建立其父查询的查找条件。如例 4-48，先执行"SELECT MAX(Grade) FROM SC"查询语句，再执行"SELECT Sno,Cno,Grade FROM SC"查询语句。

1. 带有比较运算符的子查询

带有比较运算符的子查询是指父查询与子查询之间用比较运算符进行连接。当用户能确切知道内存查询返回的是单值时，可以使用=、>、<、>=、<=、<>等比较运算符。

例 4-49 查询与王民生同一个系的学生信息。

```
SELECT *
FROM Student
WHERE Sdept =
        (SELECT Sdept
        FROM Student
        WHERE Sname = '王民生')
```

```
            AND Sname <>'王民生'
```

需要注意的是,子查询一定要跟在比较运算符之后,下列写法是错误的:

```
SELECT *
FROM Student
WHERE (SELECT Sdept
       FROM Student
       WHERE Sname = '王民生') = Sdept
      AND Sname <>'王民生'
```

本例中的查询也可以用自连接查询实现。

```
SELECT s2.*
FROM Student s1 join Student s2 on s1.Sdept = s2.Sdept
WHERE s1.Sname = '王民生' AND s2.Sname <>'王民生'
```

可见,实现同一个查询可以有多种方法,当然不同的方法其执行效率可能会有差别,甚至会差别很大。数据库编程人员应该掌握数据库性能调优技术。

2. 带有 IN 谓词的子查询

在嵌套查询中,子查询的结果往往是一个集合,所以谓词 IN 是嵌套查询中最经常使用的谓词。

例 4-50 查询选修了课程名为"高等数学"的学生的学号、姓名、所在系。

```
SELECT Sno, Sname, Sdept
FROM Student
WHERE Sno IN
        (SELECT Sno
         FROM SC
         WHERE Cno = (SELECT Cno
                      FROM Course
                      WHERE Cname = '高等数学'))
```

本例也可以用多表连接查询实现,参考例 4-40。

```
SELECT Student.Sno, Sname FROM Student JOIN SC ON Student.Sno = SC.Sno
    JOIN Course ON SC.Cno = Course.Cno
WHERE Course.Cname = '高等数学'
```

有些嵌套查询可以用连接查询来替代,有些是不能替代的。对于可以用连接运算代替嵌套查询的,到底采用哪种方法用户可以根据自己的习惯确定。

例 4-51 查询计算机系没有选修 C001 号课程的学生的学号和姓名。

```
SELECT Sno, Sname
FROM Student
WHERE Sdept = '计算机系' AND Sno NOT IN
        (SELECT Sno
         FROM SC
         WHERE Cno = 'C001')
```

执行结果如图 4.33(a)所示。

思考一下,例 4-51 的要求能用下面的多表连接查询实现吗?

图 4.33 例 4-51 的查询结果

SELECT DISTINCT Sname,Sdept
FROM Student JOIN SC ON Student.Sno = SC.Sno
WHERE Cno <>'C001' AND Sdept = '计算机系'

执行结果如图 4.33(b)所示,显然,该结果是错误的。

嵌套子查询也可以出现在 HAVING 子句中。

例 4-52 查询考试平均成绩高于全体学生的总平均成绩的学生的学号和平均成绩。

SELECT Sno,AVG(Grade) 平均成绩
FROM SC
GROUP BY Sno
HAVING AVG(Grade)>(
SELECT AVG(Grade) FROM SC)

如果子查询的条件依赖于父查询,这类查询称为相关子查询(Correnlated Subquery),整个查询语句称为相关嵌套查询。

例 4-53 找出每个学生超过他选修课程平均成绩的课程号。

SELECT Sno,Cno
FROM SC x
WHERE Grade >= (SELECT AVG(Grade)
    FROM SC y
    WHERE y.Sno = x.Sno
)

x 是表 SC 的别名,又称为元组变量,可以用来表示 SC 的一个元组。内层查询是求一个学生所有选修课程平均成绩,至于是哪个学生的平均成绩,要看参数 x.Sno 的值,而该值是与父查询相关的,因此这类查询称为相关子查询。

这个语句可能的执行过程是:

(1)从外层查询中取出 SC 的一个元组,将该元组 x 的 Sno 值(S0001)传送给内存查询。

SELECT AVG(Grade)
FROM SC y
WHERE y.Sno = 'S0001'

(2)执行内层查询,得到值 83.25,用该值代替内层查询,得到外层查询:

SELECT Sno,Cno
FROM SC x
WHERE Grade >= 83.25

(3)执行这个查询,得到

(S0001,C001)
(S0001,C003)

然后外层查询取出下一个元组重复做上述(1)~(3)步骤的处理,直到外层的 SC 元组

全部处理完毕。结果如图 4.34 所示。

(4) 求解相关子查询不能像求解不相关子查询那样,一次将子查询求解出来,然后求解父查询。内层查询由于与外层查询有关,因此必须反复求值。

	Sno	Cno
1	S0001	C001
2	S0001	C003
3	S0002	C001
4	S0002	C003
5	S0002	C006
6	S0003	C002
7	S0004	C001

图 4.34　例 4-53 的查询结果

3. 带有 ANY(SOME)或者 ALL 谓词的子查询

子查询返回单值时可以用比较运算符,但返回多值时,可以用 ANY(有的系统用 SOME)或者 ALL 谓词修饰符。但在使用 ANY、SOME 和 ALL 谓词时,必须同时使用比较运算法。

ANY、SOME 和 ALL 谓词的一般使用形式如下。

```
<列名> 比较运算符 [ ANY | SOME | ALL ] (子查询)
```

其中,

- ANY、SOME:在进行比较运算时只要子查询中有一行能使结果为真,则结果为真。
- ALL:在进行比较运算时当子查询中所有行都使结果为真,则结果为真。

ANY、SOME 和 ALL 谓词的具体语义如表 4.14 所示。

表 4.14　ANY、SOME 和 ALL 谓词的含义

表达方法	含　义
＞ANY(或＞＝ANY),＞SOME(或＞＝SOME)	大于(或等于)子查询结果中的某个值
＞ALL(或＞＝ALL)	大于(或等于)子查询结果中的所有值
＜ANY(或＜＝ANY),＜SOME(或＞＝SOME)	小于(或等于)子查询结果中的某个值
＜ALL(或＜＝ALL)	小于(或等于)子查询结果中的所有值
＝ANY,＝SOME	等于子查询结果中的某个值
＝ALL	等于子查询结果中的所有值
!＝ANY(或＜＞ANY),!＝SOME(或＜＞SOME)	不等于子查询结果中的某个值
!＝ALL(或＜＞ALL)	不等于子查询结果中的任何一个值

ANY 和 SOME 在功能上是一样的。

例 4-54　查询其他系中比信息系某一学生年龄小的学生姓名、年龄和所在系。

```
SELECT Sname,Sage,Sdept
FROM Student
WHERE Sage < ANY (SELECT Sage
FROM Student WHERE Sdept = '信息系')
   AND Sdept <>'信息系'
```

执行结果如图 4.35 所示。

	Sname	Sage	Sdept
1	张力	19	计算机系
2	王小民	18	数学系

图 4.35　例 4-54 的查询结果

例 4-54 也可以用聚集函数实现。用子查询求出信息系学生最大的年龄值 20,接下来在父查询中查出非信息系的并且年龄小于 20 的学生。

```
SELECT Sname,Sage,Sdept
FROM Student
```

```
WHERE Sage <(SELECT MAX(Sage) FROM Student WHERE Sdept = '信息系')
AND Sdept <>'信息系'
```

例 4-55　查询其他系中年龄比信息系所有学生年龄都小的学生的信息。

```
SELECT *
FROM Student
WHERE Sage < ALL(SELECT Sage FROM Student WHERE Sdept = '信息系')
AND Sdept <>'信息系'
```

该语句的结果没有符合条件的元组,也就是说,在 Student 表中没有满足条件的数据。该查询实际上是查询其他系中年龄小于信息系最小年龄的学生姓名和年龄,因此可以用聚集函数实现。

```
SELECT Sname, Sage, Sdept
FROM Student
WHERE Sage <(SELECT MIN(Sage) FROM Student WHERE Sdept = '信息系')
AND Sdept <>'信息系'
```

例 4-56　查询所有学习了课程号为 C001 的学生的学号和姓名。

```
SELECT Sno, Sname
FROM Student
WHERE Sno = ANY(SELECT Sno
                FROM SC
                WHERE Cno = 'C001')
```

查询结果如图 4.36 所示。

例 4-56 也可以用如下的子查询实现。

```
SELECT Sno, Sname
    FROM Student
WHERE Sno IN(SELECT Sno
             FROM SC
             WHERE Cno = 'C001')
```

图 4.36　例 4-56 查询结果

从上面的例子可以看出,带 ANY(SOME)和 ALL 谓词的查询一般都可以用普通的基于 IN 形式的子查询实现。事实上,用聚集函数实现子查询比直接用 ANY 或 ALL 查询效率要高。ANY(SOME)、ALL 与聚集函数的对应关系如表 4.15 所示。

表 4.15　ANY(或 SOME)和 ALL 谓词与聚集函数、IN 谓词的等价转换关系

	=	<>或!=	<	<=	>	>=
ANY(或 SOME)	IN	--	< MAX	<= MAX	> MIN	>= MIN
ALL	--	NOT IN	< MIN	<= MIN	> MAX	>= MAX

4. 在 From 子句中用子查询构造派生关系

在 From 子句中,允许用子查询构造新的关系,称为派生关系。新关系必须命名。其属性也可以重命名。格式如下:

```
FROM … ,(SQL 子查询) as 关系名… ,
```

例 4-57 求 Student 表中每个系年龄最大的学生的学号、姓名、性别、年龄、所在系。假设先查询每个系的最大年龄值。

```
SELECT Sdept,max(Sage) as 最大年龄
FROM Student
GROUP BY Sdept
```

查询的结果如图 4.37(b)所示。接下来将该子查询放到 FROM 子句当中,构造派生关系 S。

```
SELECT Student. *
FROM Student  JOIN (SELECT Sdept,max(Sage) as 最大年龄 FROM Student GROUP BY Sdept) AS S ON
Student.Sage = S.最大年龄
WHERE Student.Sdept = S.Sdept
```

最终查询结果如图 4.37(c)所示。

Sno	Sname	Ssex	Sage	Sdept
S0001	赵菁菁	女	23	计算机系
S0002	李勇	男	20	计算机系
S0003	张力	男	19	计算机系
S0004	张衡	男	18	信息系
S0005	张向东	男	20	信息系
S0006	张向丽	女	20	信息系
S0007	王芳	女	20	计算机系
S0008	王民生	男	25	数学系
S0009	王小民	女	18	数学系
S0010	李晨	女	22	数学系

(a)

Sdept	最大年龄
计算机系	23
数学系	25
信息系	20

(b)

	Sno	Sname	Ssex	Sage	Sdept
1	S0005	张向东	男	20	信息系
2	S0006	张向丽	女	20	信息系
3	S0008	王民生	男	25	数学系
4	S0001	赵菁菁	女	23	计算机系

(c)

图 4.37 例 4-57 的查询结果

5. 带有 EXISTS 谓词的子查询

EXISTS 代表存在量词∃。使用 EXISTS 谓词的子查询可以进行存在性测试,其基本使用形式如下:

```
WHERE [NOT]EXISTS(子查询)
```

带 EXISTS 谓词的子查询不返回查询的数据,只产生逻辑真值和假值。

- EXISTS 的含义是:当子查询中有满足条件的数据时,返回真值;否则返回假值。
- NOT EXISTS 的含义是:当子查询中有满足条件的数据时,返回假值;否则返回真值。

例 4-58 查询信息系学生的学号、课程号、成绩。

```
SELECT Sno,Cno,Grade
FROM SC
WHERE EXISTS
      (SELECT *
      FROM Student
      WHERE Sno = SC.Sno AND Sdept = '信息系')
```

由 EXISTS 引出的子查询,其目标列表达式通常都用 *,因为带 EXISTS 的子查询只返回真值或假值,给出列名无实际意义。

本例中的子查询的查询条件依赖外层父查询的某个属性值(在本例中是 SC 的 Sno 值),因此也是相关子查询。这个相关子查询的处理过程是:首先取外层查询中的(SC)表的第一个元组,根据它与内层查询相关的属性值(Sno 值)处理内层查询,若 WHERE 子句返回值为真,则取外层查询中该元组的 Sno、Cno、Grade 放入结果表;然后再取(SC)表的下一个元组;重复这一过程,直到外层(SC)表全部检查完为止。

例 4-58 中的查询也可以用带 IN 的不相关子查询或者多表连接查询实现。

与 EXISTS 谓词相应的是 NOT EXISTS 谓词。使用存在量词 NOT EXISTS 后,若查询结果为空,则外层的 WHERE 子句返回真值,否则返回假值。

例 4-59 查询非信息系学生的学号、课程号、成绩。

```
SELECT Sno, Cno, Grade
FROM SC
WHERE NOT EXISTS
    (SELECT *
    FROM Student
    WHERE Sno = SC.Sno AND Sdept = '信息系')
```

一些带有 EXISTS 或 NOT EXISTS 谓词的子查询不能被其他形式的子查询等价替换,但是带 IN 谓词、比较运算符、ANY(SOME) 和 ALL 谓词的子查询都能用 EXISTS 谓词的子查询替换。

例 4-60 查询选修了全部课程的学生姓名。

可将题目的意思转换成等价的用存在量词的形式:查询这样的学生——没有一门课程是他不选修的。其 SQL 语句为

```
SELECT Sname
FROM Student
WHERE NOT EXISTS
    (SELECT *
    FROM Course
    WHERE NOT EXISTS
        (SELECT *
        FROM SC
        WHERE Sno = Student.Sno AND Cno = Course.Cno))
```

4.5 集合查询

SELECT 语句的查询结果是元组的集合,所以多个 SELECT 语句的结果可进行集合操作。集合的主要操作包括并操作 UNION、交操作 INTERSECT 和差操作 EXCEPT。注意,参加集合操作的各查询结果的列数必须相同;对应的数据类型也必须相同。

在 SQL 查询中可以利用关系代数(参见 4.1 节)中的集合运算(并、交、差)组合关系。SQL 为此提供了相应的运算符:并操作 UNION、交操作 INTERSECT、差操作 EXCEPT。

例 4-61 查询计算机系的学生或性别为男的学生的信息。

```
SELECT * FROM Student
WHERE Sdept = '计算机系'
UNION
SELECT * FROM Student
WHERE Ssex = '男'
```

查询结果如图 4.38 所示。

使用 UNION 将多个查询结果合并起来时，系统会自动去除重复元组。如果想保留所有的重复元组，则必须用 UNION ALL 代替 UNION。

例 4-62 查询选修 C001 或者 C002 课程的学生的学号。

```
SELECT Sno FROM SC
WHERE Cno = 'C001'
UNION
SELECT Sno FROM SC
WHERE Cno = 'C002'
```

查询结果如图 4.39 所示。

	Sno	Sname	Ssex	Sage	Sdept
1	S0001	赵菁菁	女	23	计算机系
2	S0002	李勇	男	20	计算机系
3	S0003	张力	男	19	计算机系
4	S0004	张衡	男	18	信息系
5	S0005	张向东	男	20	信息系
6	S0007	王芳	女	20	计算机系
7	S0008	王民生	男	25	数学系

图 4.38 例 4-61 的查询结果

	Sno
1	S0001
2	S0002
3	S0003
4	S0004

图 4.39 例 4-62 的查询结果

显然，例 4-62 也可以用如下查询语句实现。

```
SELECT DISTINCT Sno FROM SC
WHERE Cno = 'C001' OR Cno = 'C002'
```

例 4-63 查询既是计算机系又是男生的学生的信息。

```
SELECT * FROM Student
WHERE Sdept = '计算机系'
INTERSECT
SELECT * FROM Student
WHERE Ssex = '男'
```

查询结果如图 4.40 所示。

例 4-63 也可以表示为

```
SELECT * FROM Student
WHERE Sdept = '计算机系' AND Ssex = '男'
```

例 4-64 查询既选修 C001 又选修 C002 课程的学生的学号。

```
SELECT Sno FROM SC
```

```
WHERE Cno = 'C001'
INTERSECT
SELECT Sno FROM SC
WHERE Cno = 'C001'
```

查询结果如图 4.41 所示。

	Sno	Sname	Ssex	Sage	Sdept
1	S0002	李勇	男	20	计算机系
2	S0003	张力	男	19	计算机系

图 4.40 例 4-63 的查询结果

	Sno
1	S0001

图 4.41 例 4-64 的查询结果

如果例 4-64 用如下查询语句实现。

```
SELECT Sno FROM SC
WHERE Cno = 'C001' AND Cno = 'C002'
```

则其查询结果为空集合。对同一个属性设置两个条件时，两个条件之间可以用 OR 连接；如果用 AND 的连接，不会有语法的错误，但是存在逻辑的错误。例如，此例中不会有某个元组，其课程号 Cno 既等于 C001 又等于 C002。

不是所有的 DBMS 都支持 INTERSECT 运算符，我们也可以用如下的子查询实现例 4-64 的要求。这个语句可理解为先查询选修 C002 号课程的学生，然后在这些学生中再进一步筛选出选修 C001 号课程的学生。

```
SELECT Sno FROM SC
WHERE Cno = 'C001' AND Sno IN
              (SELECT Sno FROM SC
              WHERE Cno = 'C002')
```

例 4-65 查询数学系学生中不是男生的学生信息。

```
SELECT * FROM Student
WHERE Sdept = '数学系'
EXCEPT
SELECT * FROM Student
WHERE Ssex = '男'
```

查询结果如图 4.42 所示。

	Sno	Sname	Ssex	Sage	Sdept
1	S0009	王小民	女	18	数学系
2	S0010	李晨	女	22	数学系

图 4.42 例 4-65 的查询结果

4.6 视图

在 1.4 节介绍数据库的三级模式时，可以看到模式(对应到基本表)是数据库中全体数据的逻辑结构，当不同的用户需要基本表中不同的数据时，可以为每类这样的用户建立一个外模式。外模式中的内容来自模式，这些内容可以是某个模式的部分数据或多个模式组合的数据。外模式对应到关系数据库中的概念就是视图。视图是数据库中的一个对象，它是数据库管理系统提供给用户的以多种角度观察数据库中数据的一种重要机制。

视图(view)是从一个或者多个基本表(或视图)中导出的表。与基本表不同，视图是一个虚表。数据库中只存放视图的定义,不存放视图对应的数据,这些数据仍存放在原来的基本表中。所以基本表中的数据发生变化,从视图中查询出的数据也就随之改变。从这个意义上讲,视图就像一个窗口,通过它可以看到数据库中自己感兴趣的数据及其变化。

视图一经定义,就可以和基本表一样被查询、被删除;也可以在一个视图之上再定义新的视图,但对视图的更新(增、删、改)操作则有一定的限制。对于视图需要注意以下几点:

- 当基本表发生变化后,再去访问视图,看到的虚拟关系也会发生相应的变化。
- 用户对视图的查询,系统在执行时必须转化为对基础关系的查询。
- 用户对视图的修改,系统在执行时必须转化为对基础关系的修改。

4.6.1 定义视图

利用 SQL 语言的 CREATE VIEW 语句可以创建视图,该命令的基本语法如下:

```
CREATE VIEW <视图名>[(<列名>[,<列名>]…)]
AS <子查询>
[WITH CHECK OPTION]
```

其中,子查询可以使任意复杂的 SELECT 语句,但通常不允许含有 ORDER BY 子句和 DISTINCT 短语。从视图的定义语句,可以看出视图的本质是一个有名字的查询。

WITH CHECK OPTION 当对视图进行插入、更新时,要检查新元组是否满足视图对应查询的条件。

组成视图的属性列名或者全部省略或者全部指定,没有第 3 种选择。如果省略了视图的各个属性列名,则隐含该视图由子查询中 SELECT 子句目标列中的诸字段组成。但在下列出 3 种情况必须明确指定组成视图的所有列名:

- 某个目标列不是单纯的属性名,而是聚集函数或列表达式;
- 多表连接时选出了几个同名列作为视图的字段;
- 需要在视图中为某个列启用新的更合适的名字。

例 4-66 建立信息系学生的视图。

```
CREATE VIEW IS_Student
as
SELECT *
FROM Student
WHERE Sdept = '信息系'
WITH CHECK OPTION
```

该视图 IS_Student 的数据来自 Student 表。假设现在往视图 IS_Student 中插入一条记录('S0011','李家明','男',22,'数学系'),由于创建视图时用到了 WITH CHECK OPTION,这条记录不满足创建视图对应的子查询的条件,因此,DBMS 会阻止该插入操作。

在已有视图上还可以再创建视图。

例 4-67 在例 4-66 创建的视图的基础上在派生视图,建立信息系男学生的视图。

```
CREATE VIEW IS_Student_sex
as
SELECT *
```

```
FROM IS_Student
WHERE Ssex = '男'
```

定义视图的查询语句可以涉及多张表。这样定义的视图一般只能用于查询数据,不能用于修改数据。

例 4-68 建立包含计算机系选修了 C001 号课程的学生学号、姓名、课程号、成绩的视图。

```
CREATE VIEW V_CS_S1(学号,姓名,课程号,成绩)
AS
SELECT Student.Sno,Sname,Cno,Grade
FROM Student JOIN SC ON Student.Sno = SC.Sno
WHERE Sdept = '计算机系' AND Cno = 'C001'
```

本例中,在视图 V_CS_S1 后面给出视图的列名。给视图的列指定名时,该列名的个数必须与子查询的列的个数相等。如果创建视图时不指定视图列的名称,则视图列将获得与 SELECT 语句中的列相同的名称,在此例中,因为在 Student 表和 SC 表中均有 Sno 列,因此必须制定视图列名。

定义基本表时,为了减少数据库中的冗余数据,表中只存放基本数据,由基本数据经过各种计算派生出的数据一般是不存储的。但由于视图中的数据并不实际存储,所以定义视图时可以根据应用的需要,设置一些派生属性列。这些派生属性由于在基本表中并不实际存在,所以也称它们为虚拟列。带虚拟列的视图也称为带表达式的视图。

例 4-69 定义一个反映学生出生年份的视图。

```
CREATE VIEW V_birth(Sno,Sname,Sbirth)
AS
SELECT Sno,Sname,2015 - Sage
FROM Student
```

视图 V_birth 是一个带有表达式的视图。视图中的出生年份值是通过计算得到的。如果视图中某一列是函数、数学表达式、常量或者来自多个表的列名相同,则必须为列定义名称。

例 4-70 建立一个反映各个系人数的视图。

```
CREATE VIEW V_sdept_count
AS
SELECT Sdept 系名,COUNT(*) AS 各系人数
FROM Student
GROUP BY Sdept
```

例 4-71 建立男女学生的平均年龄视图。

```
CREATE VIEW V_sex_age(性别,平均年龄)
AS
SELECT Ssex,AVG(Sage)
FROM Student
GROUP BY Ssex
```

4.6.2 修改和删除视图

定义视图后,如果其结构不能满足用户的要求,则可以对其进行修改。如果一个视图不再具有使用价值,则可以将其删除。

1. 修改视图

可用 ALTER VIEW 命令对已创建好的视图进行更改。ALTER VIEW 命令的语法格式为

```
ALTER VIEW <视图名>[(<列名>[,<列名>]…)]
AS <子查询>
[WITH CHECK OPTION]
```

可以看到,修改视图的 SQL 语句与定义视图的语句基本一样,只是将 CREATE VIEW 改成了 ALTER VIEW。

例 4-72 修改例 4-68 创建的 V_CS_S1 视图。修改为包含计算机系选修了 C001 号课程并且成绩大于 90 分的学生学号、姓名、课程号、成绩的视图。

```
ALTER CREATE VIEW V_CS_S1(学号,姓名,课程号,成绩)
AS
SELECT Student.Sno,Sname,Cno,Grade
FROM Student JOIN SC ON Student.Sno = SC.Sno
WHERE Sdept = '计算机系' AND Cno = 'C001' AND Grade > 90
```

2. 删除视图

对于不需要的视图,可通过 DROP 命令来删除,其语法格式为

```
DROP VIEW <视图名>
```

例 4-73 删除例 4-66 创建的视图 IS_Student。

```
DROP VIEW IS_Student
```

删除视图时需要注意,如果被删除的视图是其他视图的数据源,如 IS_Student_sex 视图就是定义在 IS_Student 视图之上的,那么删除视图 IS_Student,其派生的视图 IS_Student_sex 将无法再使用。同样,如果派生视图的基本表被删除了,那么视图也将无法使用。因此,在删除基本表和视图时要注意是否存在引用被删除对象的视图,如果有应同时删除。

4.6.3 查询视图

视图定义后,用户就可以像对基本表一样对视图进行查询了。

例 4-74 查询信息系学生视图当中年龄小于 20 岁的学生。

```
SELECT *
FROM IS_Student
```

WHERE Sage < 20

执行这样的查询时,DBMS 不能直接计算,首先检查要查询的视图是否存在,如果存在,则必须"展开"视图,用对应的定义视图时的查询语句来代替视图本身。

例如,DBMS 在执行上面的查询语句时,会转化为

SELECT *
FROM Student
WHERE Sdept = '信息系' AND Sage < 20

在一般情况下,视图查询的转化是直截了当的。但是在某些情况下,这种转化不能直接进行,查询就会出现问题,见例 4-75。

例 4-75 对于例 4-70 建立的一个反映各个系人数的视图 V_sdept_count(其数据如图 4.43 所示),现在要求查询出人数大于或等于 4 人的系,列出系名和人数。

很容易就得到如下的查询语句:

	系名	各系人数
1	计算机系	4
2	数学系	3
3	信息系	3

图 4.43 视图 V_sdept_count 的数据

SELECT *
FROM V_sdept_count
WHERE 各系人数 >= 4

原先例 4-70 中定义视图 V_sdept_count 的查询语句为

SELECT Sdept 系名,COUNT(*) AS 各系人数
FROM Student
GROUP BY Sdept

那么本例中查询语句与定义视图 V_sdept_count 的查询语句相结合,形成了下列查询:

SELECT *
FROM V_sdept_count
WHERE (count(*)) >= 4
GROUP BY Sdept

因为 WHERE 子句中是不能用聚集函数作为条件表达式的,因此执行此转化后的查询将会出现语法错误。正确转换的查询语句应该是:

SELECT *
FROM V_sdept_count
GROUP BY Sdept
HAVING count(*) >= 4

例 4-76 查询信息系的学生的基本学生信息和选课情况,未选课的学生也列出基本学生信息。

SELECT *
FROM IS_Student LEFT JOIN SC ON IS_Student.Sno = SC.Sno

DBMS 对应地把这个查询等价转化为对基本表的查询,语句如下:

SELECT *

```
FROM Student LEFT JOIN SC ON Student.Sno = SC.Sno
WHERE Student.Sdept = '信息系'
```

4.6.4 更新视图数据

更新视图是指通过视图来插入(INSERT)、删除(DELETE)和修改(UPDATE)数据。

由于视图是不实际存储数据的虚表,因此对视图的更新,最终要转换为对基本表的更新。像查询视图那样,对视图的更新操作也是通过视图消解、转换为对基本表的更新操作。

为防止用户通过视图对数据进行增加、删除、修改,对不属于视图范围内的基本表数据进行操作,可在定义视图时加上 WITH CHECK OPTION 子句。这样在视图上增加、删除、修改数据时,DBMS 会检查视图定义中的条件,若不满足条件,则拒绝执行该操作。

例 4-77　将例 4-66 建立的视图 IS_Student 中学号为 S0006 的学生姓名改为刘向丽。

```
UPDATE IS_Student
SET Sname = '刘向丽'
WHERE Sno = 'S0006'
```

实际上,转换后这个修改语句为:

```
UPDATE Student
SET Sname = '刘向丽'
WHERE Sno = 'S0006' AND Sdept = '信息系'
```

例 4-78　向信息系学生视图 IS_Student 插入一条新记录,其中学号为 S0012,姓名为黄俊,性别为男,年龄为 21 岁。

```
INSERT INTO IS_Student
VALUES('S0012','黄俊','男',21,'信息系')
```

转换为对基本表的插入:

```
INSERT INTO Student
VALUES('S0012','黄俊','男',21,'信息系')
```

例 4-79　删除信息系学生视图 IS_Student 一条记录,其学号为 S0012。

```
DELETE
FROM IS_Student
WHERE Sno = 'S0012'
```

转换为对基本表的删除:

```
DELETE
FROM Student
WHERE Sno = 'S0012'
```

在关系数据库中,并不是所有的视图都是可以更新的,因为有些视图的更新不能唯一地有意义地转换成相应基本表的更新。

例 4-80　将例 4-70 的视图 V_sdept_count 中的数学系的人数修改为 4 人。

```
UPDATE V_sdept_count
```

```
SET 各系人数 = 4
WHERE 系名 = '数学系'
```

但是这个对视图的更新是无法转换成对基本表 Student 的更新,因为只有插入(或删除)了数学系的学生记录,才能改变数学系的学生人数,所以 V_sdept_count 是不能更新的。

由上面的例子可知,不是所有的视图都可以进行插入、修改和删除操作,因为有些视图的更新不能唯一地有意义地转换成对应基本表的更新。

各个系统对视图的更新还有进一步的规定,由于各个系统实现方法上的差异,这些规定也不尽相同。

通常 DB2 规定:
- 若视图是由两个或两个以上的基本表导出的,则视图不允许更新。
- 若视图的字段来自字段表达式或常数,则不允许对此视图执行 INSERT 和 UPDATE 操作,但允许执行 DELETE 操作。
- 若视图的字段来自聚集函数,此视图不允许更新。
- 若视图定义中含有 GROUP BY 子句,则此视图不允许更新。
- 若视图定义中含有 DISTINCT 短语,则此视图不允许更新。
- 若视图的定义中有嵌套查询,并且内层查询的 FROM 子句中涉及的表也是导出该视图的基本表,则此视图不允许更新。例如,将 Student 中年龄在平均年龄之上的元组定义成一个视图 Student_avg:

```
CREATE VIEW Student_avg
AS
SELECT *
FROM Student
WHERE Sage >(SELECT AVG(Grade)
             FROM Student)
```

导出视图 Student_avg 的基本表是 Student,内层查询中涉及的表也是 Student,所以视图 Student_avg 是不允许更新的。

- 一个不允许更新的视图上定义的视图也不允许更新。

4.6.5 视图的作用

视图是定义在基本表之上的,对视图的一切操作最终也要转换为对基本表的操纵。既然如此,为什么还要定义视图呢? 这是因为合理地使用视图能够带来许多好处。

1. 视图能够简化用户的操作

视图机制使用户可以将注意力集中在所关心的数据上。如果这些数据不是直接来自基本表,则可以通过定义视图,使数据库看起来结构简单、清晰,并且可以简化用户的数据查询操作。例如,那些定义了若干张表连接的视图,就将表与表之间的连接操作对用户隐蔽起来了。换句话说,用户所做的只是对一个虚表的简单查询,而这个虚表是怎样得来的,用户无须了解。

2. 视图使用户能以多个角度看待同一数据

视图机制能使不同的用户以不同的方式看待同一数据，当许多不同种类的用户共享同一个数据库时，这种灵活性是非常重要的。

3. 视图对重构数据库提供了一定程度的逻辑独立性

前面章节已经介绍过数据库的物理独立性和逻辑独立性的概念。数据的物理独立性是指用户的应用程序不依赖于数据库的物理结构。数据的逻辑独立性是指当数据库重构时，如增加新的关系或对原有关系增加新的字段等，用户的应用程序不会受影响。层次数据库和网状数据库一般能较好地支持数据的物理独立性，而对于逻辑独立性则不能完全支持。

在关系数据库中，数据库的重构往往是不可避免的。重构数据库最常见的是将一个基本表"垂直"地分成多个基本表。例如，将学生关系

Student(Sno,Sname,Ssex,Sage,Sdept)

分为 SX(Sno,Sname,Sage) 和 SY(Sno,Ssex,Sdept) 两个关系。这时原表 Student 为 SX 表和 SY 表自然连接的结果。如果建立一个视图 Student：

```
CREATE VIEW Student(Sno,Sname,Ssex,Sage,Sdept)
AS
SELECT SX.Sno,SX.Sname,SY.Ssex,SX.Sage,SY.Sdept
FROM SX JOIN SY ON SX.Sno = SY.Sno
```

这样，尽管数据库的表结构变了，但应用程序可以不必修改，新建的视图保证了用户原来的关系，是用户的外模式未发生改变。

4. 提高了数据的安全性

使用视图可以定制用户查看哪些数据并屏蔽哪些敏感数据。例如，不希望员工看到别人的工资，就可以建立一个不包含工资项的职工视图，然后让用户通过视图来访问表中的数据，而不授予他们直接访问基本表的权限，这样就在一定程度上提高了数据库数据的安全性。

4.6.6 物化视图

标准视图的结果集并不永久存储在数据库中，每次通过标准视图访问数据时，数据库系统都会在内部将视图定义替换为查询，直到最终的查询仅仅涉及基本表。这个替换（或者叫转换）过程需要花费时间，因此通过视图这种方法访问数据会降低数据的访问效率。为解决这个问题，很多数据库管理系统提供了允许将视图数据进行物理存储的机制，而且数据库管理系统能够保证当定义视图的基本表数据发生了变化，视图中的数据也随之更改，这样的视图称为物化视图（materialized view，在 SQL Server 中将这样的视图称为索引视图），保证视图数据与基本表数据保持一致过程称为视图维护（view maintenance）。

对于标准视图而言，为每个引用视图的查询动态生成结果集的开销很大，特别是那些涉

及对大量数据行进行复杂处理(如聚合大量数据或连接许多行)的视图。在 SQL Server 2008 中,如果在查询中频繁地引用这类视图,可通过对视图创建唯一聚集索引来提高性能。对视图创建唯一聚集索引后,视图结果集将存储在数据库中,就像带有聚集索引的表一样。

当需要频繁使用某个视图时,就可将该视图物化。对于需要加快基于视图数据的查询效率时,也可以使用物化视图。但物化视图带来的好处是以增加存储空间为代价的。

4.7 索引

用户对数据库最常用的操作之一就是查询数据。在数据量比较大时,搜索满足条件的数据可能会花费很长的时间,从而占用较多的服务器资源。为了提高数据检索的能力,在数据库中引入了索引的概念。

数据库中的索引类似于书籍中的目录。在书籍中,利用目录用户不必翻阅完整个书就能迅速地找到所需要的信息。在数据库中,索引使得对数据的查找不需要对整个表进行扫描,就可以在其中找到所需数据。

4.7.1 索引的建立

建立索引是加快查询速度的有效手段。用户可以根据应用环境的需要,在基本表上建立一个或多个索引,以提供多种存取路径,加快查找速度。

一般说来,建立与删除索引由数据库管理员 DBA 或表的属主(owner),即建立表的人,负责完成。系统在存取数据时,会自动选择合适的索引作为存取路径,用户不必也不能显式地选择索引。

在 SQL 语言中,建立索引使用 CREATE INDEX 语句,其一般格式为

```
CREATE [UNIQUE] [CLUSTERED] [NONCLUSTERED] INDEX <索引名>
ON <表名> (<列名>[<次序>][,<列名>[<次序>]]……)
```

其中,<表名>是要建立索引的基本表的名字。索引可以建立在该表的一列或多列上,各列名之间用逗号分隔。每个<列名>后面还可以用<次序>指定索引值的排列次序,可选 ASC(升序)或 DESC(降序),默认值为 ASC。

UNIQUE:表示要创建的索引是唯一索引。此索引的每一个索引值只对应唯一的数据记录。唯一索引可以只包含一个列(限制该列取值不重复),也可以由多个列共同构成(限制这些列的组合取值不重复)。只有当数据本身具有唯一性特征时,指定唯一索引才有意义。实际上,当在表上创建 PRIMARY KEY 或 UNIQUE 约束时,系统会自动在这些列上创建唯一索引。

CLUSTER:表示要建立的索引是聚集索引。所谓的聚集索引,是指索引项的顺序与表中记录的物理顺序一致的索引组织。例如,执行例 4-81 的 CREATE INDEX 语句。

NONCLUSTERED:表示要创建的索引是非聚集索引。非聚集索引与图书后边的术语表类似。书的内容(数据)存储在一个地方,术语表(索引)存储在另一个地方。而且书的内容(数据)并不按术语表(索引)的顺序存放,但术语表中的每个词在书中都有确切的位置。

非聚集索引类似与术语表,而数据就类似于一本书的内容。非聚集索引并不改变数据的物理存储顺序,因此,可以在一个表上建立多个非聚集索引。就像一本书可以有多个术语表一样,如一本介绍园艺的书可能会包含一个植物通俗名称的术语表和一个植物学名称的术语表,因为这是读者查找信息的最常用的两种方法。

注意,如果没有指定索引类型,则默认是创建非聚集索引。聚集索引和非聚集索引都可以是唯一索引。因此,只要列中的数据是唯一的,就可以在同一个表上创建一个唯一的聚集索引和多个唯一的非聚集索引。

例 4-81 CREATE CLUSTERED INDEX Stusname ON Student(Sname) 将会在 Student 表的 Sname(姓名)列上建立一个聚集索引,而且 Student 表中的记录将会按照 Sname 值的升序存放。

用户可以在最经常查询的列上建立聚集索引以提高查询的效率。显然在一个基本表上最多只能建立一个聚集索引。建立聚集索引后,更新该索引列上的数据时,往往会导致表中记录的物理顺序的变更,代价较大,因此对于经常更新的列不宜建立聚集索引。

例 4-82 为 Student、Course、SC 这 3 个表建立索引。其中 Student 表按学号升序建唯一索引,Course 表按照课程号升序建唯一索引,SC 表按学号升序和课程号降序建唯一索引。

```
CREATE UNIQUE INDEX Stusno ON Studnt(Sno);
CREATE UNIQUE INDEX Coucno ON Course(Cno);
CREATE UNIQUE INDEX SCno ON SC(Sno ASC,Cno DESC)
```

例 4-83 为 Student 表的 Sname 列创建非聚集索引。

```
CREATE INDEX Sname_id ONStudent(Sname)
```

4.7.2 索引的删除

索引一经建立,就由系统使用和维护它,不需要用户干预。建立索引是为了减少查询操作的时间,但如果数据增删改操作频繁,系统会花许多时间来维护索引,从而降低了查询的效率。这时,可以删除一些不必要的索引。

在 SQL 语言中,删除索引可以使用 DROP INDEX 语句。其一般格式为:

```
DROP INDEX <索引名>
```

例 4-84 删除 Student 表的 Stusname 索引。

```
DROP INDEX Stusname
```

在 RDBMS 中,索引一般采用 B+树、HASH 索引来实现。B+树索引具有动态平衡的优点。HASH 索引具有查找速度快的特点。索引是数据库的内部实现技术,属于内模式的范畴。

用户使用 CREATE INDEX 语句定义索引时,可以定义索引是唯一索引,非唯一索引或聚集索引。至于某一个索引是采用 B+树还是 HASH 索引则由具体的 RDBMS 来决定。

4.7.3 建立索引的原则

索引是建立在数据库表中的某些列的上面。因此,在创建索引的时候,应该仔细考虑在哪些列上可以创建索引,在哪些列上不能创建索引。一般来说,应注意以下这些原则。

- 为表的主键创建索引。
- 经常与其他表进行连接的表,在连接字段上应该建立索引;定义为外键的字段创建索引,外键通常用于表与表之间的连接,在其上创建索引可以加快表间的连接。
- 在频繁进行排序或分组(即进行 group by 或 order by 操作)的列上建立索引。
- 在条件表达式中经常用到的不同值较多的列上建立检索,在不同值较少的列上不要建立索引。比如在雇员表的"性别"列上只有"男"与"女"两个不同值,因此就没有必要建立索引,如果这样建立索引不会提高查询效率,反而会严重降低更新速度。
- 如果待排序的列有多个,可以在这些列上建立复合索引(compound index)。
- 当更新应用远远大于查询应用时,不应该创建索引。
- 删除无用的索引,避免对执行计划造成负面影响。

本章小结

本章首先介绍了查询操作,后面介绍的是数据库中与查询密切相关的两个重要概念:视图和索引。

查询的表达能力是数据操作最主要的部分,关系数据语言包括关系代数语言、关系演算语言、具有关系代数和关系演算双重特点的 SQL 语言,本章主要讲述关系代数语言和 SQL 语言。

关系代数是一种抽象的查询语言。它把关系当作集合,用集合的运算和特殊的关系运算来表达查询要求和条件。关系运算包括:并、交、差、广义笛卡儿积、选择、投影、连接、除八种运算,其中并、差、广义笛卡儿积、选择、投影为 5 种基本运算。

关于查询语句,主要是分为单表查询、多表连接查询和子查询,包括的知识有无条件查询、有条件查询、分组、排序、选择查询结果集中的前若干行等功能。多表连接查询主要涉及内连接、自连接、左外连接和右外连接。子查询涉及的是相关子查询和不相关子查询。SQL 的数据查询功能是最丰富,也是最复杂的。读者应当加强实验练习,达到举一反三的效果。

建立索引的目的是为了提高数据的查询效率,但存储索引需要空间的开销,维护索引需要时间的开销。因此,当对数据库的应用主要是查询操作时,可以适当多建立索引。如果对数据库的操作主要效果是增、删、改,则应尽量少建立索引以免影响数据的更改效率。

视图是基于数据库基本表的虚表,视图所包含的数据并不是被物理存储,视图的数据全部来自基本表。用户通过视图访问数据时,最终都落实到对基本表的操作。因此通过视图访问数据比直接从基本表访问数据效率会低一些,因为它多了一层转换操作。

视图提供了一定程度的数据逻辑独立性,并可以增加数据的安全性,封装了复杂的查询,简化了客户端访问数据库数据的编程,为用户提供了从不同的角度看待同一数据的方法。

习题 4

一、单项选择题

1. 在创建数据库表结构时,为该表中一些字段建立索引,其目的是(　　)。
   A. 改变表中记录的物理顺序　　　　　　B. 为了对表进行实体完整性约束
   C. 加快数据库表的更新速度　　　　　　D. 加快数据库表的查询速度

2. 下列关于 SQL 中 HAVING 子句的描述,错误的是(　　)。
   A. HAVING 子句必须与 GROUP BY 子句同时使用
   B. HAVING 子句与 GROUP BY 子句无关
   C. 使用 WHERE 子句的同时可以使用 HAVING 子句
   D. 使用 HAVING 子句的作用是限定分组的条件

3. 在关系数据库系统中,为了简化用户的查询操作,而又不增加数据的存储空间,常用的方法是创建(　　)。
   A. 另一个表　　　B. 游标　　　C. 视图　　　D. 索引

4. 一个查询的结果成为另一个查询的条件,这种查询被称为(　　)。
   A. 连接查询　　　B. 内查询　　　C. 自查询　　　D. 子查询

5. 为了对表中的各行进行快速访问,应对此表建立(　　)。
   A. 约束　　　B. 规则　　　C. 索引　　　D. 视图

6. 在 SQL 语言中,条件年龄 BETWEEN 15 AND 35 表示年龄在 15~35 之间,且(　　)。
   A. 包括 15 岁和 35 岁　　　　　　B. 不包括 15 岁和 35 岁
   C. 包括 15 岁但不包括 35 岁　　　D. 包括 35 岁但不包括 15 岁

7. 当关系 R 和 S 进行自然连接时,能够把 R 和 S 原该舍弃的元组放到结果关系中的操作是(　　)。
   A. 左外连接　　　B. 右外连接　　　C. 内连接　　　D. 外连接

8. 在 SQL 中,下列涉及空值的操作,不正确的是(　　)。
   A. age IS NULL　　　　　　B. age IS NOT NULL
   C. age = NULL　　　　　　D. NOT (age IS NULL)

9. 下列聚合函数中不忽略空值(null)的是(　　)。
   A. SUM(列名)　　　　　　B. MAX(列名)
   C. COUNT(*)　　　　　　D. AVG(列名)

10. $\sigma_{p1}(\sigma_{p2}(r))$ 等价于(　　)。
    A. $\sigma_{p1 \wedge p2}(r)$　　　B. $\sigma_{p1 \vee p2}(r)$　　　C. $\sigma_{p1}(r)$　　　D. $\sigma_{p2}(r)$

11. 关系代数表达式的结果是一个(　　)。
    A. 元组　　　B. 属性　　　C. 关系　　　D. 视图

12. 以下哪个运算不是基本运算?(　　)
    A. 交运算　　　B. 并运算　　　C. 差运算　　　D. 笛卡儿积

二、请用关系代数表达式或者 SQL 完成下列操作

现有关系数据库如下：

S(sno,sname,age,city)

学生关系。属性为：学号,学生名,年龄,籍贯

C(cno,cname,grade,tno)

课程关系。属性为：课程号,课程名,开设年级,任课教师号

T(tno,tname,age,city)

教师关系。属性为：教师号,教师名,年龄,籍贯

SC(sno,cno,score)

选修关系。属性为：学号,课程号,成绩

1. 李明在哪些课程得到的分数超过 80？列出课程名（写出关系代数表达式）。
2. 没有选修"人工智能"课程的学生姓名、年龄（写出关系代数表达式）。
3. 哪些学生"数据库"课程的成绩要高于王红的数据库成绩？列出学号姓名（写出 SQL）。
4. 王风老师教的每门课程的最高分（写出 SQL）。
5. 李明在哪些课程得到的分数超过 80？列出课程名（写出 SQL）。
6. 查询出和王风老师相同籍贯的教师姓名（写出 SQL）。
7. 查询仅仅只选修了"大学英语"这一门课程的学生的学号、姓名（写出 SQL）。
8. 查询总分超过 400 分的学生的学号（写出 SQL）。
9. 创建反映每门课程的选课人数的视图（写出 SQL）。该视图能否更新？
10. 创建一个反映教师和对应所受课程的视图，包括的列有教师号、教师名、课程号、课程名（写出 SQL）。该视图能否更新？
11. 在 S 表中为 sname 列创建一个聚集索引（写出 SQL）。

三、简答题

1. 举例说明什么是内连接、左外连接和右外连接。
2. 索引的类型有哪些？
3. 什么样的列适合创建索引？聚集索引和非聚集索引有什么区别？
4. 创建视图的作用是什么？
5. 基本表的数据发生变化，能否从视图中反映出来？
6. 通过视图修改表中的数据需要哪些条件？

第 5 章 数据操作

第 4 章讨论了如何检索数据库的数据,通过 SELECT 语句可以返回由行和列组成的结果,但是查询操作不会使数据库中的数据发生任何变化。如果要对数据进行各种更新操作,包括添加新数据、修改数据和删除数据,则需要使用 INSERT、UPDATE 和 DELETE 语句来完成,这些语句修改数据库中的数据,但不返回结果集。

5.1 数据的插入

在表操作中,给表添加记录是常用的操作。在 SQL 语言中,添加数据使用 INSERT 语句,但是 INSERT 语句每次只能插入一个元组。可以用带子查询的插入语句,一次可以插入一个或多个元组。

5.1.1 插入一个元组

插入一个元组的语句格式如下:

INSERT INTO <关系名>[(属性1, 属性2, …)]
VALUES (值1, 值2, …)

插入单个元组,按顺序在关系名后给出关系中每个列名,在 VALUES 后给出对应的每个属性的值。插入一个完整的新元组时,可省略关系的属性名。当插入的元组只有部分属性的值时,必须在关系名后给出要输入值的属性名。

例 5-1 向 Student 表添加一个新元组,按顺序给出每个属性的值,其中学号: 200615008,姓名:程东,性别:男,年龄:18,信息管理系学生。

INSERT INTO Student VALUES ('200615008','程东','男',18,'信息管理系')

例 5-2 在 sc 表添加一个新元组,给出部分属性的值,学号为:200615008,选课的课程号为:5,成绩暂缺。

INSERT INTO sc(sno,cno) VALUES ('200615008','5')

此句实际插入的数据为:('200615008','5',NULL)。

对于例 5-2,由于提供的属性值的个数与表中列的个数不一致,因此,在插入时必须列出属性名。而且 sc 表中的 grade 列必须允许为 NULL。

5.1.2 插入多个元组

子查询不仅可以嵌套在 SELECT 语句中,用于构造父查询的条件,也可以嵌套在 INSERT 语句中,用于生成要插入的批量数据。

插入子查询结果的语句 INSERT 语句格式如下:

INSERT INTO <关系名>[(属性1,属性2,…)]
<子查询>

在使用子查询的结果插入元组时,子查询的结果必须匹配待插入关系中的属性个数并和相应各属性数据类型兼容,属性名可以不同。

例 5-3 建立一个新表 s_avg,存放每个学生的学号、姓名和平均成绩,并把子查询的结果插入到新表 s_avg 中。

首先在数据库中建立一个新表 s_avg,其中第一列存放学号,第二列存放姓名,第三列存放平均成绩。

```
CREATE TABLE s_avg
        (sno char(10),
         sname char(10),
     avage real)
```

然后对 Student 表和 SC 表按学号、姓名分组,再把学号、姓名、平均成绩存入表 s_avg 中。

```
INSERT INTO s_avg(sno,sname,avage)
    (SELECT sc.sno,sname,avg(grade)
     FROM sc,Student
     WHERE sc.sno = Student.sno
       GROUP BY sc.sno,sname)
```

5.2 数据的更改

当需要修改数据库表中的某些列的值时,使用 UPDATE 语句指定要修改的属性和想要赋予的新值。通过 WHERE 子句,还可以指定要修改的属性必须满足的条件。没有 WHERE 子句时,则对关系的全部元组都要更新。

修改元组的语句格式如下:

UPDATE <关系名> SET 属性1 = 表达式1
                [,属性2 = 表达式2]
                …
                [Where 条件]

说明:

在关系中找到满足条件的元组,然后更新:表达式1的值赋予属性1;表达式2的值赋予属性2,以此类推。

5.2.1 无条件更改

无条件的修改,没有 where 子句,关系中所有的元组都要更新。

例 5-4 将所有课程的学分增加 2 分。

```
UPDATE course SET credit = credit + 2
```

5.2.2 有条件更改

当用 WHERE 子句指定更改数据的条件时,可以分为两种情况。一种是基于本表条件的更新,即更新的记录和更新记录的条件在同一张表中。示例见例 5-5。另一种是基于其他表条件的更新,即要更新的记录在一张表中,而更新的条件来自另一张表。示例见例 5-6。

例 5-5 将修改所有计算机系的学生年龄增加一岁。

```
UPDATE Student SET sage = sage + 1 WHERE sdept = 'CS'
```

例 5-6 将计算机系的学生的考试成绩置零。

- 利用不相关子查询构造更新的条件。

```
UPDATE sc SET grade = 0
    WHERE sno IN
        (SELECT sno
            FROM Student
        WHERE sdept = 'CS')
```

- 利用相关子查询构造更新的条件。

```
UPDATE sc SET grade = 0
WHERE 'CS' =
        (SELECT sdept
        FROM Student
        WHERE Student.sno = sc.sno)
```

- 利用多表连接查询构造更新的条件。

```
UPDATE sc SET grade = 0
    FROM sc JOIN Student ON sc.sno = Student.sno
    WHERE sdept = 'CS'
```

5.3 数据的删除

当确定不再需要某些记录时,可以使用删除语句 DELETE,将这些记录删掉。DELETE 语句的语法格式如下:

```
DELETE FROM <关系名> [WHERE 条件]
```

说明:

在关系中找到满足条件的元组，并将其删除。如果没有 WHERE 子句，表示删除关系的全部元组（保留结构）。一次只能删除一个关系中的元组。

5.3.1 无条件删除

例 5-7 删除所有学生的选课记录。

```
DELETE FROM sc
```

5.3.2 有条件删除

当用 WHERE 子句指定要删除记录的条件时，同 UPDATE 语句一样，也分为两种情况。一种是基于本表条件的删除。例如，删除所有平均成绩不及格学生的选课记录，要删除的记录与删除的条件都在 sc 中。示例见例 5-8。另一种是基于其他表条件的删除，如删除计算机系平均成绩不及格学生的选课记录，要删除的记录在 sc 表中，而删除的条件（计算机系）在 Student 表中。基于其他表条件的删除同样可以用多种方法实现。示例见例 5-9。

例 5-8 删除平均成绩不及格的学生的选修信息。

```
DELETE FROM SC Where sno IN
      (SELECT sno
       FROM sc
        GROUP BY sno
        HAVING AVG(grade) < 60)
```

例 5-9 删除计算机系平均成绩不及格学生的修课记录。

- 利用不相关子查询构造删除的条件。

```
DELETE FROM sc
WHERE grade < 60 AND sno IN (
                        SELECT sno FROM Student
                        WHERE sdept = 'CS' )
```

- 利用相关子查询构造删除的条件。

```
DELETE FROM sc
WHERE 'CS' =
       (SELECT sdept
        FROM Student
        WHERE Student.sno = sc.sno)and grade < 60
```

- 利用多表连接查询构造删除的条件。

```
DELETE FROM sc
FROM sc JOIN Student ON sc.sno = Student.sno
WHERE sdept = 'CS' AND grade < 60
```

注意删除数据时，如果表之间有外键引用约束，则在删除主表数据时，系统会自动检查所删除的数据是否被外键表引用，如果是，则根据所定义的外键的类别（级联、限制）来决定是否能对主表数据进行删除操作。

本章小结

本章主要介绍了 SQL 中的数据操作功能：数据的增、删、改功能。增、删、改是数据库中使用较多的操作。

对数据的更改操作，介绍了数据的插入、修改和删除。对删除和更新操作，介绍了无条件操作和有条件操作，对有条件的删除和更新操作又介绍了用多表连接实现和用子查询实现两种方法。

在进行数据的增、删、改时，数据库管理系统自动检查数据的完整性约束，而且这些检查是在对数据进行操作之前进行的，只有当数据完全满足完整性约束条件时才进行数据更改操作。

习题 5

利用 Student、Course、SC 这 3 张表。编写实现如下操作的 SQL 语句。

1. 建立一个新表 s_grade，其中 stu_sno 存放学生的学号，stu_sname 列存放学生的姓名，stu_grade 列存放学生的成绩。添加元组到 s_grade 表中。
2. 删除成绩小于 50 分的学生的修课记录。
3. 删除没有人选修的课程的基本信息。
4. 将所有选修 7 号课程的学生的成绩增加 10 分。
5. 将所有选修"人工智能"课程的学生的成绩置 0。

第6章 关系数据库的规范化

数据库设计是数据库应用领域中的主要研究课题,其任务是在给定的应用环境下,创建满足用户需求且性能良好的数据库模式、建立数据库及其应用系统,使之能有效地存储和管理数据,满足某公司或部门各类用户业务的需求。

数据库设计需要理论指导,关系数据库规范化理论就是数据库设计的一个理论指南。规范化理论研究的是关系模式中各属性之间的依赖关系及其对关系模式性能的影响,探讨"好"的关系模式应该具备的性质,以及达到"好"关系模式的方法。规范化理论提供了判断关系模式好坏的理论标准,帮助我们预测可能出现的问题,是数据库设计人员的有力工具,同时也使数据库设计有了严格的理论基础。

本章将主要讨论关系数据库规范化理论,讨论如何判断一个关系模式是否是好的关系模式,以及如何将不好的关系模式转换成好的关系模式,并能保证所得到的关系模式仍能表达原来的语义。

6.1 函数依赖

6.1.1 关系数据库中的问题

关系数据库是由一组"好"的关系构成的,数据库设计要求找到一些"好"关系。然而有时,包含"坏"关系的"坏"数据库设计具有某些问题。下面通过例题来说明。

假设有以下的关系模式:

worker(name,branch,manager)

其中,各个属性分别代表姓名、部门、经理,name 为关系的主键(没有姓名相同的员工)。假设一个部门仅有一位经理。但反过来,一个经理可以是多个部门的经理。

观察如表 6.1 所示的数据,考虑 worker 这个关系模式存在哪些问题。

表 6.1 worker 部分数据示例

name	branch	manager	name	branch	manager
李 勇	A	王民生	李 晨	B	张 衡
张向东	B	张 衡	王小民	B	张 衡
王 芳	C	王民生			

由这个表，我们可以发现某些问题。
- 数据冗余：在这个 worker 关系中，对于谁是部门经理的信息存在冗余。因为一个部门会有多个职工，这个部门对应的部门经理的信息就会重复多次。而对于同一个部门，没有必要多次重复谁是部门经理。
- 插入异常：观察如表 6.2 所示数据，假设成立一个新部门 D。经理是何凯，并且 D 部门没有员工。显然，根据实体完整性规则，主键值不能为空，不能增加关于部门 D 的信息。

表 6.2　worker 数据插入异常示例

name	branch	manager	name	branch	manager
李 勇	A	王民生	李 晨	B	张 衡
张向东	B	张 衡	王小民	B	张 衡
王 芳	C	王民生	NULL	D	何 凯

- 删除异常：观察如表 6.3 所示数据，假设将部门 B 的所有员工相应的记录都删除，那么在删除了部门 B 的所有员工以后，还能找出谁是部门 B 的经理么？可以看到，如果一个部门里的所有员工都被删除了，谁是部门经理的信息也会被删除。这是我们不希望看到的。

表 6.3　worker 数据删除异常示例

name	branch	manager	name	branch	manager
李 勇	A	王民生	王 芳	C	王民生

- 更新异常：如果部门 B 的经理变成李国庆，需要更新几个元组？如果一个部门的经理变动，我们必须更新部门里的每个员工以反映谁是新经理，否则就会出现这样的错误：该部门有两个经理。表 6.4 中的数据显示了这种情况。这与最初的语义相矛盾。

表 6.4　worker 数据更新异常示例

name	branch	manager	name	branch	manager
李 勇	A	王民生	李 晨	B	李国庆
张向东	B	李国庆	王小民	B	张 衡
王 芳	C	王民生			

以上的问题可以称为操作异常，为什么会出现这些问题呢？因为这个关系模式不够好，它的属性之间存在"不良"的函数依赖。因此我们要改造这个关系模式，把存在不良函数依赖的坏关系进行分解，消除"不良"的函数依赖使之成为一个好的关系模式。

6.1.2　函数依赖的基本概念

函数是我们熟悉的一个概念，对公式：

$$Y = f(x)$$

自然不会陌生，但是大家熟悉的是 X 和 Y 在数量上的对应关系，即给定一个 X 值，都会有一个 Y 值与其相对应。也可以说 X 函数决定 Y，或者 Y 函数依赖于 X。在关系数据库中，讨论函数依赖注重的是语义上的关系，比如有：

$$国家 = f(首都)$$

那么，只要给定出一个具体的首都值，都会有唯一的一个国家值和它相对应。例如，"北京"对应中国。在这里"首都"是自变量 X，国家是因变量或函数值 Y。可以认为，X 函数决定 Y，或者 Y 函数依赖于 X，可以表示为

$$X \rightarrow Y$$

根据以上的讨论，得出比较直观的函数依赖定义，即函数依赖是一种数据依赖，它具有以下形式 $X \rightarrow Y$（读作：X 决定 Y）。意义：当任意两个元组在属性集 X 上相等时，则它们在属性集 Y 上也相等。即同一个 X（的值），必然对应同一个 Y（的值）。

例如，可以在 worker 关系模式中发现某些函数依赖，如下所示：

name → branch , branch → manager , name → manager

例如，观察表 6.5，可以从关系模式 S-C-G(Sno,Cno,Cname,Grade)部分数据示例中得到一些函数依赖，如下所示：

(Sno,Cno) → Grade , Cno → Cname。

表 6.5　S-C-G 部分数据示例

Sno	Cno	Cname	Grade
01	A	数据库	90
01	B	C 语言	85
02	A	数据库	70
02	C	算法分析	100
03	B	C 语言	80

显然，函数依赖讨论的是属性之间的依赖关系，它是语义范畴的概念，也就是说，关系模式的属性间是否存在函数依赖只与语义有关。下面对函数依赖给出严格的形式化定义。

定义　关系模式 R(U)，其中 U 是 R 中的所有属性，X 和 Y 是 U 的子集。r 是 R 的任一具体关系，t1、t2 是 r 的任意两个可能的元组，如果两个元组如果在属性集 X 上相等，它们在属性集 Y 上必然相等（即同一个 X 对应同一个 Y，$t1[X] = t2[X] \Rightarrow t1[Y] = t2[Y]$），称 X 决定 Y，或者 Y 函数依赖 X。

6.1.3　一些术语和符号

下面给出在本章中经常使用的一些术语和符号。

设有关系模式 R(U)，其中 X 和 Y 是 U 的子集，则有以下结论：

（1）当 Y 包含于 X 时，函数依赖 $X \rightarrow Y$ 是平凡函数依赖。

例如，对于关系模式 worker(name, branch, manager)，以下是平凡的函数依赖。

(name,branch) → name , name → name

如果当 Y 不包含于 X，则函数依赖 $X \rightarrow Y$ 是平非凡函数依赖。

例如，对于关系模式 worker(name, branch, manager)，以下是非平凡的函数依赖。

(name, branch)→ manager

平凡的函数依赖是没有意义的，我们一般所讨论的函数依赖都应该排除这种情况。如不作特殊说明，我们总是讨论非平凡函数依赖。

(2) 如果 Y 不函数依赖于 X，则记作 $X \not\to Y$。

(3) 如果 $X \to Y$，则称 X 为决定因子。

(4) 如果 $X \to Y$，并且对于 X 的一个任意真子集 X' 都有 $X' \not\to Y$，则称 Y 完全函数依赖于 X，记作

$$X \xrightarrow{f} Y$$

例如，在关系模式 S-C-G(Sno, Cno, Cname, Grade) 中，存在以下的完全函数依赖。

Cno→ Cname, (Sno, Cno)→ Grade

如果存在 $X' \to Y$ 成立，则称 Y 部分数依赖于 X，记作

$$X \xrightarrow{P} Y$$

例如，对于关系模式 worker(name, branch, manager)，以下是部分函数依赖。

(name, branch)→ manager

(5) 如果 $X \to Y$（非平凡函数依赖，并且 $Y \not\to X$）、$Y \to Z$ 同时成立，则称 Z 传递函数依赖于 X，记作

$$X \xrightarrow{t} Y$$

例如，对于关系模式 worker(name, branch, manager)，以下是传递函数依赖。
name→ manager 是传递的，因为 name →branch，且 branch→manager。
如果不存在 Y，使 $X \to Y$，$Y \to Z$ 同时成立，则 X 决定 Z 是非传递的，或者说是直接的。
例如，在关系模式 worker(name, branch, manager) 中，name→branch 是非传递的。

6.1.4 关系模式中的码

设有关系模式 $R(U, F)$ 其中 U 表示 R 中的所有属性，用 F 表示关系模式 R 上的函数依赖集。

1. 超码

在关系模式 $R(U, F)$ 中，K 是一个超码，当且仅当 $K \to U$。

比如在关系模式 worker(name, branch, manager) 中，超码有 name, (name, branch), (name, manager) 等。在一个关系模式中超码可能有多个。

又例如，在关系模式 S-C-G(Sno, Cno, Cname, Grade) 中，因为 (Sno, Cno)→ U 成立, (Sno, Cno, Grade)→U 成立，所以关系模式 S-C-G 的超码有 (Sno, Cno), (Sno, Cno, Grade) 等。

2. 候选码（candidate key）

K 是一个候选码，当且仅当 $K \to U$，且任何 K 的真子集 K' 都不满足：$K' \to U$，即 $K \xrightarrow{f} U$。

也可以说，候选码为决定 R 全部属性的最小属性组。在一个关系模式中候选码可能有多个。

例如，在关系模式 S-C-G(Sno,Cno,Cname,Grade)中，超码有(Sno,Cno)、(Sno,Cno,Grade)等，其中(Sno,Cno)的真子集有 Sno、Cno。因为 Sno$\not\to$U,Cno$\not\to$U,所以(Sno,Cno)不仅是超码，而且是候选码。

那么(Sno,Cno,Grade)是候选码吗？显然不是，因为它的真子集(Sno,Cno)→U 成立。

3．主码（primary key）

在关系模式 $R(U,F)$ 中可能有多个候选码，在建表时，我们选择其中一个作为主码。

4．全码（All-key）

候选码为整个属性组。

例 6-1 设有关系模式 $R(P,W,A)$。其中各个属性含义分别为演奏者、作品和演出地点。其语义为：一个演奏者可演奏多个作品，某一作品可被多个演奏者演奏；同一演出地点不同演奏者的不同作品。

其候选码为(P,W,A)，因为只有演奏者、作品和演出地点三者才能确定一场音乐会，我们称全部属性均为主码的表为全码表。

5．主属性和非主属性

在 $R(U,F)$ 中，包含在任一候选码中的属性称为主属性，不包含在任一候选码中的属性称为非主属性。

例 6-2 SC(Sno,Cno,Grade)。

其候选码为(Sno,Cno)，也是主码。

则主属性为：Sno、Cno，非主属性为：Grade。

6．外部码

用于在关系表之间建立关联的属性（组）称为外码。

定义 若 $R(U,F)$ 的属性组 $X(X$ 属于 $U)$ 是另一个关系 S 的主码，则称 X 为 R 的外码(X 必须先定义为 S 的主码)。

怎样来判断属性或者属性组是否可以为候选码呢？如果能知道属性组 $K \xrightarrow{f} U$,则属性组 K 能作为候选码。因此，判断 K 是否为候选码，只需推出 $K \xrightarrow{f} U$ 即可，下面给出函数依赖的推理规则。

6.1.5 函数依赖的推理规则

首先学习函数依赖集闭包的概念。设有关系模式 $R(U,F)$ 其中 U 表示 R 中的所有属性，用 F 表示关系模式 R 上的函数依赖集。例如，有关系模式 $R(A,B,C)$如果有 $F=\{A \to B, B \to C\}$,可从 F 推出某些函数依赖，可以推导出 $A \to C$ 也成立。

能从 F 推导出的全部函数依赖（包括 F 自身）的集合，就是 F 的闭包（一般用 F^+ 表示）。$X \to Y$ in F^+ 等价于 $X \to Y$ 能从 F 中推导出。

例 6-3 $R(A,B,C)$ 对 $F=\{A\to B, B\to C\}, F^+=\{A\to B, B\to C, AC, AC\to C\cdots\cdots\}$

我们需要有一些规则来帮助计算 F^+，可以应用 Armstrong 公理来找到 F^+ 中的所有（函数依赖）。

如果 $Y\subseteq X$，那么 $X\to Y$。	（自反律）
如果 $X\to Y$，那么 $ZX\to ZY$。	（增广律）
如果 $X\to Y$，且 $Y\to Z$，那么 $X\to Z$。	（传递律）
如果 $X\to Y$，且 $X\to Z$，那么 $X\to YZ$。	（结合律）
如果 $X\to YZ$，那么 $X\to Y$ 且 $X\to Z$。	（分解律）
如果 $X\to Y$ 且 $YZ\to T$，那么 $XZ\to T$。	（伪传递律）

例 6-4 有关系模式 $R(A,B,C,G,H,I)$，函数依赖集为 $F=\{A\to B, A\to C, CG\to H, CG\to I, B\to H\}$

F^+ 中的某些成员：

$A\to H$

用传递律从 $A\to B$ 和 $B\to H$ 推出；

$AG\to I$

用增广律从 $A\to C$ 推出 $AG\to CG$；

用传递律从 $AG\to CG, CG\to I$ 推出 $AG\to I$；

$CG\to HI$

用结合律从 $CG\to H$ 和 $CG\to I$ 推出。

从例 6-4 中可以看出，找到 F^+ 中的所有函数依赖是非常复杂的工作，也意义不大。重要的是给出一些函数依赖(F)，判断另外一个函数依赖 $X\to Y$ 是否成立(在 F^+ 中)。这要用到另外一个重要概念：属性集的闭包。

设有 $R(U,F)$，F 为 R 所满足的函数依赖集合，其中 X,Y：R 中一或多个属性的集合。我们定义属性集 X 的闭包(用 X^+ 表示)为 X 蕴涵的所有属性的集合(包括 X 自身)。$X\to Y$ 等价于 Y is in X^+。

例如，有关系模式(A,B,C)，其中 $F=\{A\to B, B\to C\}$ 那么 $(A)^+=(ABC), (B)^+=BC$。

现在给出计算属性集闭包的算法：（输入 X，输出 X^+）

```
开始： X⁺ := X;                      //将 x 自身加入闭包中；
    while (X⁺ is changed) do         //如果 x 的闭包发生了改变，则循环做以下操作；
        for F 中每个函数依赖 Y→Z
//判断 F 中的每个函数依赖 Y→Z，如果 Y 属于闭包，则将 Z 也加入闭包中；
            begin
                if Y⊆X⁺ then X⁺ := X+ ∪ Z
            end
```

例 6-5 设有关系模式 $R(A,B,C,G,H,I)$，函数依赖集 $F=\{CG\to H, CG\to I, A\to B, A\to C, B\to H\}$，求 $(AG)^+$。

开始计算：$(AG)^+=AG$

(1) $(AG)^+=ABCG$　　　　　　　$(A\to B, A\to C)$

(2) $(AG)^+=ABCGHI$　　　　　　$(CG\to H, CG\to I)$

(3) $(AG)^+=ABCGHI$　　　　　　（无变化）

思考下,现在能推导出 $AG \to BCI$ 吗?我们可以看到因为 $(BCI) \subseteq (AG)^+$,所以 $AG \to BCI$ 成立。

接下来学习属性集闭包的应用。

例 6-6 设有关系模式 $R(A, B, C, G, H, I)$,函数依赖集 $F = \{CG \to H, CG \to I, A \to B, A \to C, B \to H\}$。在例 6-5 中我们求出了 $(AG)^+ = ABCGHI$,那么 (AG) 是关系模式 R 的候选码么?

第一步:要知道 (AG) 是不是候选码,首先就要看 (AG) 是不是超码。肯定 (AG) 是超码,因为 $(AG)^+ = ABCGHI$,即 $(AG) \to U$ 或者 $U \subseteq (AG)^+$。

第二步:要知道 (AG) 的某个真子集是不是超码,以此来判断 (AG) 是不是决定 R 全部属性的最小属性组。(AG) 的真子集为 A, G。

因为 $A \to U$ 是否成立就等价于计算 $U \subseteq (A)^+$ 是否成立。求得 $(A)^+ = ABCH$,故 $U \subseteq (A)^+$ 不成立。

因为 $G \to U$ 是否成立等价于 $U \subseteq (G)^+$ 是否成立。求得 $(G)^+ = G$,故 $U \subseteq (G)^+$ 不成立。

从以上的分析我们得出 (AG) 是关系模式 R 的候选码。

通过上例分析可知,可以通过求 X^+ 来判断 X 是否为候选码。

6.2 关系模式的规范化

在 6.1 节讨论了不良的关系模式所带来的问题,本节将学习好的关系模式应该具备的性质,即关系模式的规范化问题。

关系数据库中的关系要满足一定的要求,满足不同程度的要求即为不同的范式。满足最低要求的关系称为第一范式,即 1NF。在满足第一范式的基础上进一步满足某些要求的关系就称为第二范式,即 2NF,以此类推,还有第三范式(3NF)、Boyce-Codd 范式(简称 BC 范式,BCNF)、第四范式(4NF)和第五范式(5NF)。高级范式与低级范式相比,是"更好"的关系,因为"不良"数据依赖更少。范式越高级,代表的关系就越"好",要满足的要求也就越高。高级范式是低级范式的子集。满足高要求的关系肯定能够满足低要求,所以高级范式中的关系肯定也在低级范式中。因此有 4NF $\subset$ BCNF $\subset$ 3NF $\subset$ 2NF $\subset$ 1NF,参见图 6.1。

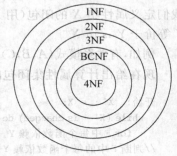

图 6.1 各级范式包含关系

规范化理论首先由 E. F. Cood 于 1971 年提出,目的是设计"好的"关系数据库模式。关系规范化实际上就是对有问题(操作异常)的关系进行分解,从而消除这些异常。

6.2.1 第一范式

1NF 要求关系的每个属性都是原子的,也就是说每个属性都是原子属性(属性值不可再分)。例如,年龄、性别就是原子属性;父母就是非原子属性。表 6.6 和表 6.7 就是非第一范式的。

表 6.6 非第一范式的表(包含多值属性)

学号	姓名	课程号
200515001	赵菁菁	1,4,5,7
200515002	李勇	1,3,4

表 6.7 非第一范式的表(包含复合属性)

学号	姓名	父母
200515001	赵菁菁	赵健,马晓梅
200515002	李勇	李云龙,刘娟

必须将非 1NF 的关系变为 1NF 的关系。方法：将关系中每个非原子的属性转化成原子的。

多值属性的处理方法是：将多值属性从原先关系移出，接着生成一个新关系。这个新关系同时还包含原来的主码，新关系的主码是原关系的主码与多值属性这两者的组合。对于包含多值属性的表的规范到第一范式的具体示例过程见表 6.8 和表 6.9。

表 6.8 第一范式的表(从原关系移出多值属性)

学号	姓名	学号	姓名
200515001	赵菁菁	200515002	李勇

表 6.9 第一范式的表(多值属性和原关系主码构成的新关系)

学号	课程号	学号	课程号
200515001	1	200515002	1
200515001	4	200515002	3
200515001	5	200515002	4
200515001	7		

复合属性的处理比较简单，只要将复合属性转化成相应的多个原子属性即可。表 6.10 就是将表 6.7 非第一范式的表转化成第一范式的关系。

表 6.10 第一范式的表(复合属性分解为原子属性)

学号	姓名	父亲	母亲
200515001	赵菁菁	赵健	马晓梅
200515002	李勇	李云龙	刘娟

6.2.2 第二范式

若关系模式 $R \in 1NF$，并且每一个非主属性都完全函数依赖于 R 的候选码，则 $R \in 2NF$。

判断是否属于 2NF 的方法是：是否存在某个非主属性，它部分依赖候选码，或者说依赖候选码的一部分，存在则不属于 2NF，不存在则属于 2NF。

例如 6.1 节提到的关系模式 S-C-G(Sno, Cno, Cname, Grade) 就不是第二范式的关系。因为(Sno, Cno)是主键，在此关系中主属性有(Sno、Cno)，非主属性有 Cname、Grade，而 Cno → Cname，所以 (Sno, Cno) $\xrightarrow{P}$ Cname。当某门课程没有人选修，而想存入数据库时，因为在关系模式中(Sno, Cno)是主键，因为 Sno 为空没法存入数据库，同时，若某门课程被 n

个学生选修了,则其课程名必须重复存储 n 次,存在数据冗余。不满足二范式的关系模式会存在插入、删除、修改、数据冗余等问题。

怎样将一个不满足二范式要求的关系规范到二范式呢?分解办法如下:
- 首先,对于组成主码的属性集合的每一个子集,用它作为主码构成一个表。
- 然后,将依赖于这些主码的属性放置到相应的表中。
- 最后,去掉只由主码的子集构成的表。

例 6-7 对于 S-L-C 表,首先分解为如下形式的 3 张表:

$S(Sno,\cdots)$

$C(Cno,\cdots)$

S-$C(Sno, Cno,\cdots)$

然后,将依赖于这些主码的属性放置到相应的表中:

$S(Sno)$

$C(Cno, Cname)$

S-$C(Sno, Cno, Grade)$

最后,去掉只由主码的子集构成的表,最终分解为

$C(Cno, Cname)$

S-$C(Sno, Cno, Grade)$

这两个关系模式均不存在非主属性对候选码的部分依赖,因此属于 2NF。

6.2.3 第三范式

若关系模式 $R \in 1NF$,并且每一个非主属性都非传递依赖于候选码,$R \in 3NF$。

判断关系是否属于 3NF 的方法是:是否存在某个非主属性,它传递函数依赖候选码,或者函数依赖某个非主属性,存在则不属于 3NF,不存在则属于 3NF。

例如 6.1 节提到的关系模式 worker(name,branch,manager)就不是第三范式的关系。因为 name 是主键,在此关系中主属性有 name,非主属性有 branch、manager,而 name→branch,branch→manager 所以 name→manager。

接下来介绍将 1NF 规范化到 3NF 算法,算法如下:

输入:R(属于 1NF),F(R 满足的函数依赖集合)

输出:$R1,R2,R3,\cdots,Rn$(都属于 3NF)

步骤 1:

```
n = 0; (n 是输出关系个数)
for F 中每一个 X → Y do
    if X 是某一个输出关系 Ri(1≤i≤n)的主码 then
        Ri: = Ri + Y;
    else
        n: = n+1;
        Rn: = XY; (增加一个新关系,X 作为主码)
    end if
```

步骤 2:

```
if R 的每个候选码都不出现在输出关系 Ri (1≤i≤n)中 then
    n : = n+1;
        Rn : = R 的任何一个候选码
end if
```

例 6-8 关系模式 $R(A,B,C,D,E)$,函数依赖集为 $F=(A{\to}B,C{\to}D,D{\to}E)$,此关系候选码是 AC。此关系模式是 3NF 吗?如果不是将其规范到 3NF。

该关系不属于第三范式。主属性是 A、C;非主属性是 B、D、E。因此有 $A{\to}B$,这是非主属性部分依赖于候选码,所以该关系不属于第二范式。

将 R 作为输入关系,将其规范到 3NF 的过程如下:

(1) $R1(\underline{AB})$

(2) $R1(\underline{AB}),R2(\underline{CD})$

(3) $R1(\underline{AB}),R2(\underline{CD}),R3(\underline{DE})$

(4) $R1(\underline{AB}),R2(\underline{CD}),R3(\underline{DE}),R4(\underline{AC})$

输出:$R1(\underline{AB}),R2(\underline{CD}),R3(\underline{DE}),R4(\underline{AC})$

例 6-9 输入关系 $R(A,B,C,D,E,F)$,函数依赖集为 $F=(AB{\to}D,C{\to}E,AB{\to}C,C{\to}F)$。关系候选码是 AB。此关系模式是 3NF 吗?如果不是将其规范到 3NF。

该关系不属于第三范式。主属性是 A、B;非主属性是 C、D、E、F。函数依赖集中有 $AB{\to}C,C{\to}F$,那么 $AB{\to}F$ 这是非主属性传递依赖于候选码,所以该关系不属于 3NF。

因为 $A^+=A,B^+=B$,非主属性是 C、D、E、F 都不在 A^+ 和 B^+ 中,由此可见没有非主属性部分依赖于候选码。

将 R 作为输入关系,将其规范到 3NF 的过程如下:

(1) $R1(\underline{ABD})$

(2) $R1(\underline{ABD}),R2(\underline{CE})$

(3) $R1(\underline{ABCD}),R2(\underline{CE})$

(4) $R1(\underline{ABCD}),R2(\underline{CEF})$

输出:$R1(\underline{ABCD}),R2(\underline{CEF})$。

6.2.4 BC 范式

BCNF 是由 Boyce 与 Codd 提出的,比 3NF 又进了一步,通常认为 BCNF 是修正的第三范式。

若关系模式 $R\in 1NF$,对每个非平凡的函数依赖 $X{\to}Y$,X 一定是超码(具有唯一性)。判断是否属于 BCNF 的方法是:能够找到非平凡函数依赖 $X{\to}Y$,左边的 X 不是超码。

例 6-10 考虑关系模式:$R(S,T,C)$ 其中各个属性的含义分别是 S 代表学生,T 代表教师,C 代表课程。语义为一个教师只教一门课程,但是一门课程有多个教师。那么我们可以得出 $T{\to}C$;给定一个学生和一门课程,只有一个老师给他上这门课程,可以得到 $SC{\to}T$。因此该关系模式函数依赖集为:$F=\{T{\to}C,SC{\to}T\}$。具体的部分数据示例见表 6.11。

表 6.11 R(S, T, C) 部分数据示例

S	T	C
赵菁菁	Jones	Java
李 勇	Jones	Java
张向东	Frank	C++
张 力	Frank	C++
李 晨	David	C++

这个关系的候选码是：ST, SC。证明过程：因为$(ST)^+ = (STC), (SC)^+ = (STC)$，所以 ST、SC 是超码。而$(S)^+ = (S), (T)^+ = (TC), (C)^+ = (C)$。所以 ST, SC 的真子集都不是超码。

$R(S, T, C)$ 在 3NF 中，因为 R 中没有非主属性；$R(S, T, C)$ 不在 BCNF 中，因为 $T \rightarrow C$ 是非平凡的，且左边 T 不是超码。尽管这个关系属于 3NF，但是因为组合 (T, C) 的值重复，它还是存在数据冗余和增删改异常的问题。

6.2.5 将关系规范到 BCNF

6.2.1 节已经介绍了如何将非第一范式关系规范到第一范式关系。此处不再赘述。

如果一个模型中的所有关系模式都属性 BCNF，那么在函数依赖范畴内，就实现了彻底的分解，消除了操作异常。也就是说，在函数依赖的范畴，BCNF 达到了最高的规范化程度。

以下 1NF 关系分解为 BCNF 关系的算法：

输入：R(属于 1NF)，F(R 满足的函数依赖集合)

输出：$R, R1, R2, R3, \cdots, Rn$(都属于 BCNF)

```
n = 0;
    for F 中每个这样的 X → Y：X 在 R 中但不是 R 的超码 do
        R = R - Y
    if X 是某个输出关系 Rj(1≤j≤n)的主码 then
        Rj:= Rj + Y;
    else
        n:= n + 1;
        Rn:= XY；(增加一个新关系,X 作为主码)
    end if
```

例 6-11 将关系模式 $R(A, B, C, D, E, F)$，函数依赖集为 $F = (AB \rightarrow D, C \rightarrow E, AB \rightarrow C, C \rightarrow F)$，关系的候选码为 AB。试将其规范到 BCNF。

将 R 作为输入关系，将其规范到 BCNF 的过程如下：

(1) $R(\underline{AB}CDF)$，$R1(\underline{C}E)$

(2) $R(\underline{AB}CD)$，$R1(\underline{C}EF)$

输出：$R(\underline{AB}CD)$，$R1(\underline{C}EF)$

例 6-12 将关系模式 $R(A, B, C, D)$，其中函数依赖集为 $F = (AB \rightarrow C, C \rightarrow A, C \rightarrow D)$，此关系的候选码为 AB、BC。将其规范到 BCNF。

将 R 作为输入关系，将其规范到 BCNF 的过程如下：

(1) $R(\underline{BCD}), R1(\underline{C}A)$

(2) $R(\underline{BC}), R1(\underline{C}AD)$

输出：$R(\underline{BC}), R1(\underline{C}AD)$。

此时原来的函数依赖 $AB \to C, C \to A, C \to D$ 在规范化的结果关系上是否还成立？可以看到原有的函数依赖 $AB \to C$ 丢失。一个关系规范到 BCNF 有可能会丢失原来的函数依赖，因此，有时并不是规范到越高级别的范式就越好。一般来说，规范到 3NF 就已经很好了。

把上面的关系规范化到 3NF，结果如何？试与 BCNF 的结果作比较。

6.3 模式分解

规范化的方法是进行模式分解，但是分解后产生的模式应与原模式等价，即模式分解必须遵守一定的准则，不能表面上消除了操作异常，却留下了其他问题。模式分解要满足以下标准：

(1) 模式分解具有无损连接性。

(2) 模式分解能够保持函数依赖。

无损连接是指分解后的关系与原关系相比，既不多出信息，又不丢失信息。保持函数依赖的分解是指在模式分解的过程中函数依赖不能丢失的特性，即模式分解不能破坏原来的语义。为了得到更高范式的关系而进行的模式分解是否总能既保证无损连接，又保持函数依赖呢？答案是否定的。

对于无损连接分解就是不会丢失信息的分解，判定"一分二"是否无损连接分解的充分必要条件：

将关系 R 关系分解为 $R1$ 和 $R2$。则当以下两个函数依赖之一能够成立时，这种分解是无损的。

$$R1 \cap R2 \to R1 - R2$$
$$R1 \cap R2 \to R2 - R1$$

例 6-13 有关系模式 $R(C,T,H,R,S)$，函数依赖集为 $F = \{ C \to T, HR \to C, HT \to R, HS \to R \}$。现在将 R 分解为两个关系，$R1(C,H,S)$ 和 $R2(C,T,H,R)$。这一分解是无损的吗？

是无损连接分解。

先求得 $R1 \cap R2 = CH, R1 - R2 = S, R2 - R1 = TR$。因为 $CH^+ = (CTHR)$ 即 $CH \to TR$ 成立。可以发现 $R1 \cap R2 \to R2 - R1$ 故 R 分解为 $R1, R2$ 是无损的。

如果将 R 分解成 $R1(C,H,S), R2(C,T), R3(C,H,R)$。思考一下这一分解是无损的吗？

规范化就是将一个属于低级范式的"坏"关系，分解为多个属于高级范式的"好"关系，且无信息丢失的过程根据目标范式的级别，又有规范化到 1NF、规范化到 3NF、规范化到 BCNF。

例 6-14 对于关系模式 worker(name,branch,manager)(见表 6.1),这个关系属于第二范式,但是不属于第三范式,对其进行分解。给出两种分解方案。试对两种分解方案进行比较。

方案一：

worker (name,branch, manager)分解为：worker1 (name, branch), branch1 (branch, manager)。

在分解后消除了不良函数依赖,所以避免了同一组合的重复,解决了数据冗余和操作异常问题。具体的部分数据示例,如表 6.12 和表 6.13 所示。

表 6.12 worker1 部分数据示例

name	branch
李勇	A
张向东	B
王芳	C
李晨	B
王小民	B

表 6.13 branch1 部分数据示例

branch	manager
A	王民生
B	张衡
C	王民生

可以看到分解后没有信息的丢失。当然也可以用 6.2.5 节提到的,判定"一分二"是否无损连接分解的充分必要条件进行验证。

因为有：

work1 $\cap$ branch1＝branch；
branch$^+$＝branch,manager；
worker1－branch1＝name；
branch1－worker1＝manager

所以 work1 $\cap$ branch1→branch1－worker1 成立,方案一的分解是无损的。

方案二：

worker (name, branch, manager) 分解为：worker2 (name, manager), branch2 (branch,manager)。

在分解后消除了不良函数依赖,所以避免了同一组合的重复,解决了数据冗余和操作异常问题。但是分解带来了新的问题,无法找到李勇在哪个部门的工作。分解丢失了有关员工属于哪个部门的信息,这样的分解是不正确的。具体的部分数据示例,如表 6.14 和表 6.15 所示。

表 6.14 worker2 部分数据示例

name	manager
李勇	王民生
张向东	张衡
王芳	王民生
李晨	张衡
王小民	张衡

表 6.15 worker2 部分数据示例

branch	manager
A	王民生
B	张衡
C	王民生

同样可以验证这次的分解是否无损。

因为有：

work2∩branch2＝manager；

manager⁻＝manager；

worker2－branch2＝name；

branch2－worker2＝brancher

所以 work2∩branch2↛branch2－worker2，work2∩branch2↛branch2－worker2，方案二的分解是有损的。

在例6-12中将关系模式 $R(A,B,C,D)$，其中函数依赖集为 $F=(AB\to C,C\to A,C\to D)$，此关系的候选码为 AB,BC。将其规范到 BCNF，其分解的结果为将 $R(A,B,C,D)$ "一分为二"得到 $R(\underline{BC})$，$R1(\underline{CAD})$。

因为是将 $R\cap R1=C$，$C^+=CAD$，$R1-R=AD$，也就是 $R\cap R1\to R1-R$，所以分解是无损的。但是这个分解没有保持函数依赖。

若将关系模式例6-12中的 $R(A,B,C,D)$ 规范到 3NF。模式分解的结果是 $R1(\underline{ABC})$ $R2(\underline{CAD})$。这个分解是既保持函数依赖，又具有无损连接性。

关于模式分解的几个重要事实是：

（1）若要求分解保持函数依赖，那么模式分解总是可以达到 3NF，但是不一定能达到 BCNF；

（2）若要求分解既保持函数依赖，又具有无损连接性，可以达到 3NF，但是不一定能达到 BCNF。

范式的每一次升级都是通过模式分解实现的，在进行分解时既要保持函数依赖，又要具有无损连接性。在例6-12中虽然将关系规范到 BCNF，但是不能保持函数依赖。这样的分解是不可取的。在规范化到 BCNF 与规范化到 3NF 的对比中，可以知道规范化到 BCNF 得到的关系问题更少，但是可能丢失某些函数依赖，即在原来的关系上成立，但在分解后的关系上不成立。规范化到 3NF 得到的关系可能不是很好，但往往已经足够好了，而且不会丢失任何函数依赖。

本章小结

关系规范化理论是设计没有操作异常的关系数据库表的基本原则，主要研究关系表中各属性之间的依赖关系。根据属性间依赖关系的不同，我们介绍了各个属性都不能再分的原子属性的第一范式，消除了非主属性对主键的部分依赖关系的第二范式，消除了非主属性对主键的传递依赖关系的第三范式。一般情况下，将关系模式设计到第三范式基本就可以消除数据冗余和操作异常，但是第三范式的关系模式在有些情况下还是存在异常，因此可以继续分解为 BCNF。BCNF 要求决定因子必须是超码。

规范化理论为数据库的设计提供了理论的指南和工具，但仅仅是指南和工具。并不是规范化程度越高，模式就越好，而必须结合应用环境和现实世界的具体情况合理地选择数据库模式。

习题 6

1. 理解并给出下列术语的定义：

函数依赖、平凡函数依赖、部分函数依赖、完全函数依赖、传递依赖、超码、候选码、外码、全码、1NF、2NF、3NF、BCNF。

2. 下面的结论哪些是正确的？哪些是错误的？对于错误的结论试给出判断理由或给出一个反例来说明。

(1) 任何一个二目关系都是属于 3NF 的。

(2) 任何一个二目关系都是属于 BCNF 的。

(3) 若 $R.B \to R.A, R.A \to R.C$，则 $R.(B,C) \to R.A$。

(4) 若 $R.(B,C) \to R.A$，则 $R.B \to R.A, R.C \to R.A$。

3. 关系模式 $R(C,T,H,R,S)$，函数依赖集为 $F=\{C \to T, HR \to C, HT \to R, HS \to R\}$。解答以下问题：

(1) HT 是否 R 的候选码？HS 呢？

(2) R 最高属于第几范式？试证明之。

(3) 把 R 规范到 BCNF 级别。

(4) 证明在(3)中使用的分解是无损分解。

4. 设有关系模式：授课表(课程号,课程名,学分,授课教师号,教师名,授课时数)，其语义为：一门课程可以由多名教师讲授，一名教师可以讲授多门课程，每个教师对每门课程有唯一的授课时数。指出此关系模式的候选码，判断此关系模式属于第几范式。若不是第三范式的，请将其规范为第三范式关系模式，并指出分解后的每个关系模式的主码。

5. 假设有关系模式：管理(仓库号,设备号,职工号)，它所包含的语义是：一个仓库可以有多个职工；一名职工仅在一个仓库工作；在每个仓库一种设备仅由一名职工保管，但每名职工可以保管多种设备。请根据语义写出函数依赖，求出候选码。判断此关系模式是否属于 3NF，是否属于 BC 范式。

6. 设有关系模式 $R(U,F)$，其中 $U=\{A,B,C,D,E\}$，$F=\{A \to BC, CD \to E, B \to D, E \to A\}$，求 R 的所有候选码。

第 7 章 管理数据库

为了保证数据库中数据的正确性,要对数据库进行管理,本章将从数据库的安全性、数据库的恢复技术和数据库的并发控制来进行学习。

安全性对任何一个数据库管理系统来说都是至关重要的。数据库通常存储了大量的数据,如果有人未经授权非法侵入了数据库,并窃取了查看和修改数据的权限,将会造成极大的危害,特别是在银行、金融等系统中更是如此。数据库的安全管理正是从该角度出发来保证数据库不被非法使用和恶意破坏。

数据库中的数据是不得损坏和丢失的,数据库的备份和恢复是即使存放在数据库的物理介质损坏的情况下,也应该能够保证这一点。本章的数据库恢复技术将介绍如何实现数据库的备份和恢复。

数据库中的数据是共享的,多个用户会在同一时刻使用同一个数据库中的同一张表、同一条记录,甚至同一个字段,这种同一时刻的并发操作肯定会互相干扰,从而导致数据出错、产生数据不一致问题。并发控制就是用来解决并发操作时带来的数据不一致问题。

7.1 数据库的安全管理

人们经常将数据库安全问题与数据完整性问题混淆,但实际上这是两个不同的概念。安全性是指保护数据以防不合法的使用造成数据被泄露、更改和破坏;完整性是指数据库的准确性和有效性。通俗地讲,

- 安全性(security):保护数据以防止不合法用户故意造成的破坏。
- 完整性(integrity):保护数据以防合法用户无意中造成的破坏。

或者可以简单地说,安全性确保用户被允许做其想做的事情;完整性确保用户所做的事情是正确的。例如,用户在登录时,用户名或密码输入错误时无法进入系统,这是属于安全性范畴。而用户删除某条记录时,系统报错,提示说在另一个关系中有相同的外码值,这是属于完整性范畴。

安全性问题并非数据库应用系统所独有,实际上在许多系统上都存在同样的问题。数据库中的安全控制是指数据库应用系统的不同层次提供对有意和无意损害行为的安全防范。

在数据库中,对有意的非法活动可采用加密存取数据的方法控制;对有意的非法操作

可使用用户身份验证、限制操作权来控制；对无意的损坏可采用提高系统的可靠性和数据备份等方法来控制。

7.1.1 数据库安全控制的目标

数据库安全控制的目标是保护数据免受意外或故意的丢失、破坏或滥用。对数据库的破坏可能是某些使用人员无意或恶意进行的。这种危害可能是有形的，例如，硬件、软件或数据的丢失；也可能是无形的，例如，可靠度或客户信用度的丢失。数据库安全包括允许或禁止用户操作数据库及其对象，从而防止数据库被滥用或误用。

数据库管理员(DBA)负责数据库系统的全部安全。因此，数据库系统的 DBA 必须能够识别最严重的威胁，并实施安全措施，采取合适的控制策略以最小化这些威胁。任何需要访问数据库的一个用户(一个人)或一组用户(一组人)都必须首先向 DBA 申请账户。然后，DBA 基于合理需求和相关政策，为用户创建访问数据库的账号和口令。当需要访问数据库时，用户可以使用给定的账号和口令登录 DBMS。DBMS 核对登录用户账号和密码的有效性后，允许有效用户使用 DBMS 并访问数据库。DBMS 用一个加密表来保存用户账号和密码信息。当创建新账户时，DBMS 向该表插入一条新记录来保存新账户信息。当删除账户时，DBMS 从该表中删除该账户的记录。

7.1.2 数据库安全的威胁

数据库安全的威胁可以是直接的，例如，授权用户对数据的浏览和修改权限。为了保证数据库的安全，系统的所有部分都必须是安全的，包括数据库、操作系统、网络、用户，甚至计算机系统所在的建筑和房屋。全面的数据库安全计划必须考虑下列情况。

- 可用性的损失。可用性的损失意味着用户不能访问数据或系统，或者两者都不能访问。硬件、网络或应用程序的破坏会导致可用性的损失，这种损失会造成系统出现严重问题。
- 机密性数据的损失。机密性数据的损失是指个人数据的损失，这种情况可能导致对个人或单位不利的合法行为。
- 私密性数据的损失。私密性数据的损失是指个人数据的损失，这种情况可能导致对个人或单位不利的合法行为。
- 偷窃和欺诈。偷窃和欺诈不仅影响数据库环境，而且也将影响整个企业的运营情况。由于这些情况与人有关，所以必须集中精力减少这类活动发生的可能。例如，加强物理安全性的控制，使得非授权用户不能进入机房。另一个安全措施的例子是，通过安装防火墙，防止通过外部通信链路对数据库禁止访问的部分进行非法访问，以防止有意偷窃或欺诈的人入侵。偷窃和欺诈不一定会修改数据，它是机密性或私密性的损失。
- 意外的损害。意外的损害可能是非故意造成的，包括人为的错误、软件和硬件引起的破坏。操作程序，例如，用户认证、统一的软件安装程序和硬件维护计划，也会因意外的损坏而带来损失。

7.1.3 数据库安全问题的类型

数据库安全问题涉及很多方面,主要包括以下几个方面。
- 法律与道德问题。例如,用户对其所请求的数据是否具有合法的权限。
- 物理控制。例如,计算机所在的建筑是否安全。
- 政策问题。例如,拥有数据库系统的企业如何控制使用者对数据的存取。
- 可操作性问题。例如,处理器是否具有安全特性。
- 数据库系统需专门考虑的问题。例如,数据库系统是否具有数据所有权的概念。

我们主要讨论最后一类问题。

7.1.4 安全控制模型

在一般的计算机系统中,安全措施是一级一级层层设置的。图7.1显示了计算机系统中从用户使用数据库应用程序开始一直到访问后台数据库数据,需要经过的安全认证过程。

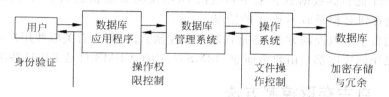

图 7.1　计算机系统的安全模型

当用户要访问数据库数据时,应该首先进入数据库系统。用户进入数据库系统通常是通过数据库应用程序实现的,这时用户要向数据库应用程序提供其身份(用户名和密码),然后数据库应用程序将用户的身份递交给数据库管理系统进行验证,只有合法的用户才能进入到下一步操作。对于合法的用户,当其要在数据库中执行某个操作时,数据库管理系统还要验证此用户是否具有执行该操作的权限。如果有操作权限,才执行操作,否则拒绝执行用户的操作。在操作系统一级也可以有自己的保护措施。比如,设置文件的访问权限等。对于存储在磁盘上的数据库文件,还可以进行加密存储,这样即使数据被人窃取,也很难读懂数据。另外,还可以将数据库文件保存多份,当出现意外情况时(如磁盘破损),不至于丢失数据。

7.1.5 授权和认证

授权是将合法访问数据库或数据库对象的权限授予用户的过程,具体授予哪些用户对数据库的哪些部分具有哪些操作权限是由一个企业的实际情况决定的。授权的过程包括认证用户对对象的访问请求。

认证是一种鉴定用户身份的机制。换言之,认证是检查用户实际是否被准许操作数据库。它核实连接数据库的人(用户)或程序的身份。认证最简单的形式是与数据库连接时提供的用户名和密码。操作系统和数据库广泛使用的是基于口令的认证。对于更多的安全模式,特别是在网络环境下,也使用其他的认证模式,例如,挑战-应答系统、数字签名等。

授权和认证控制可以构建到软件中。DBMS的授权规则限制用户对数据的访问,同时也限制用户访问数据的行为。例如,一个使用特定口令的用户可以被授权能够读取数据库中的任何数据,但不一定能够修改数据库中的任何数据。因此,授权控制有时也被认为是访问控制。

现在的 DBMS 通常采用自主存取控制和强制存取控制两种方法来解决数据库安全系统的访问控制问题,有的 DBMS 只提供一种方法,有的两种都提供。无论采用哪种存取控制方法,需要保护的数据单元或数据对象包括从整个数据库到某个元组的某个部分。

- 自主存取控制(discretionary control):用户对不同的数据对象具有不同的存取权限,而且没有固定的关于哪些用户对哪些对象具有哪些存取权限的限制。例如,用户 U1 能看到数据 A 但看不到数据 B,而 U2 能看到数据 B 但看不到数据 A。因此,自主存取控制非常灵活。
- 强制存取控制(mandatory control):每一个数据对象被标以一定的密级,每一个用户也被授予一个许可证级别。对于任意一个对象,只有具有合法许可证的用户才可以存取。因此强制存取控制本质上具有分层的特点,且相对比较严格。例如,如果用户 U1 能看到数据 A 但看不到数据 B,则说明 B 的密级高于 A,因此不存在用户 U2 能看到 B 但是看不到 A 的情况。

不管采用自主存取控制方法,还是强制存取控制方法,所有有关哪些用户可以对哪些数据对象进行操作的决定都是由政策而非 DBMS 决定的,DBMS 只是实施这些决定。

7.1.6 自主存取控制方法

大型数据库管理系统几乎都支持自主存取控制(又称为自主安全模式),目前的 SQL 标准也对自主存取控制提供支持,这主要是通过 SQL 的 GRANT(授予)和 REVOKE(收回)语句来实现的。

用户权限是由两个要素组成的:数据库对象和操作类型。定义一个用户的存取权限就是要定义这个用户可以在哪些数据库对象上进行哪些类型的操作。在数据库系统中,定义存取权限称为授权。

关系数据库系统中存取控制的对象不仅有数据本身(基本表中的数据、属性列上的数据),还有数据库模式(包括数据库 SCHEMA、基本表 TABLE、视图 VIEW 和索引 INDEX 的创建)等,参见表 7.1 列出的主要存取权限。

表 7.1 对象权限表

对象类型	对 象	常 用 权 限
数据库	模式	Create Schema
模式	基本表	Create Table|Alter Table
	视图	Create View
	索引	Create Index
数据	基本表	Select|Insert|Update|Delete|index|alter|All Privileges
	视图	Select|Insert|Update|Delete|All Privileges
数据	属性列	Select|Insert|Update|All Privileges+(列名,[列名],…)

存取控制机制的包括两个方面：

（1）管理用户权限——通过两个 SQL 语句——GRANT 语句授予用户以权限，REVOKE 语句回收用户的权限。

（2）检查用户权限——用户要对某个对象进行某个操作时，DBMS 首先会检查用户是否被授予了相应的权限，以决定是响应还是拒绝用户请求。

授予和收回权限是 DBMS 的数据库管理员（DBA）的职责。DBA 依照数据的实际应用情况将合适的权限授给相应的用户。

1. 授权命令

grant 语句的一般格式为

grant <权限名>[,<权限名>] on <对象> to 用户 1,用户 2, … | public [with grant option]

对应不同对象，有不同权限，代表不同的操作（语句）。

注意：All Privileges——对象上的所有权限的总和；

public——表示所有用户；

指定 with grant option 时，用户可以把获得的权限转授给其他用户；否则，用户只能使用而不能转授该权限。

SQL 标准允许具有 with grant option 的用户把相应的权限或其子集传递授予其他用户，但不允许循环授权，即被授权者不能把权限再授回给授权者或其祖先，如图 7.2 所示。

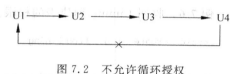

图 7.2 不允许循环授权

例 7-1 DBA 执行了如下语句：

grant select,update on Student to Liming with grant option

则 DBA 把对 Student（基本表或视图）的权限赋给用户 Liming，因为有 with grant option，所以 Liming 可以把这个权限再转授给其他用户。

用户 Liming 执行了如下语句：

grant select(Sno, Sname), update (Sname) on Student to U5

则 Liming 把对 Student 上某些列的权限赋给用户 U5，但 U5 不可以把这个权限再转授给其他用户。

例 7-2 DBA 把对 SC 表查询的权限授予所有用户。

grant select on SC to public

grant 还可以实现数据库类型和模式类型权限管理，格式如下：

grant 权限名[, …] to 用户 1,用户 2, … | public[with grant option]

例 7-3 授予用户 Liming 具有创建数据表和视图的权限。

grant create table, create view to Liming

2. 收回权限

收回权限语句的一般格式为

```
revoke 权限名[,…] on 对象 from
用户1,用户2,… | public
```

收回权限时,若该用户已将权限转授给其他用户,则这些转授的权限也一并收回。

例 7-4 DBA 执行以下语句:

```
revoke update on Student from Liming
```

则 DBA 回收用户 Liming 的对 Student 的更新权限。理论上,Liming 转授给用户 U5 的对 Student 某些列的更新权限也要一并收回。

例 7-5 收回所有用户对表 SC 的查询权。

```
Revoke select on SC from public
```

revoke 还可以实现数据库类型和模式类型权限收回,格式如下:

```
Revoke 权限名[,…] from 用户1,用户2,… | public
```

例 7-6 收回 Liming 创建表的权限。

```
Revoke create table from Liming
```

7.1.7 强制存取控制(MAC)方法

自主存储控制能够通过授权机制有效地控制对敏感数据的存取。但是由于用户对数据的存取权限是"自主"的,用户可以自由地决定将数据的存取权限授予何人,决定是否也将"授权"的权限授予别人。在这种授权机制下,仍可能存在数据的"无意泄露"。比如,甲将自己权限范围内的某些数据存取权限授权给乙,甲的意图是只允许乙本人操纵这些数据。但甲的这种安全性要求并不能得到保证,因为乙一旦获得了对数据的权限,就可以将数据备份,获得自身权限内的副本,并在不征得甲同意的前提下传播副本。造成这一问题的根本原因就在于:这种机制仅仅通过对数据的存取权限来进行安全控制,而数据本身并无安全性标记。要解决这一问题,就需要对系统控制下的所有主客体实施强制存取控制策略。

所谓 MAC,是指系统为保证更高程度的安全性,按照 TDI/TCSEC 标准中安全策略的要求,所采取的强制存取检查手段。它不是用户能直接感知或进行控制的。MAC 适用于那些对数据有严格而固定密级分类的部门,例如军事部门或政府部门。

在 MAC 中,DBMS 所管理的全部实体被分为主体和客体两大类。

主体是系统中的活动实体,既包括 DBMS 所管理的实际用户,也包括代表用户的各进程。客体是系统中的被动实体,是受主体操纵的,包括文件、基表、索引、视图等等。对于主体和客体,DBMS 为它们每个实例(值)指派一个敏感度标记(Label)。

敏感度标记被分成若干级别,例如绝密(Top Secret)、机密(Secret)、可信(Confidential)、公开(Public)等。主体的敏感度标记称为许可证级别(Clearance Level),客体的敏感度标记称为密级(Classification Level)。MAC机制就是通过对比主体的Label和客体的Label,最终确定主体是否能够存取客体。

当某一用户(或一主体)以标记label注册入系统时,系统要求他对任何客体的存取必须遵循如下规则:

(1) 仅当主体的许可证级别大于或等于客体的密级时,该主体才能读取相应的客体;

(2) 仅当主体的许可证级别等于客体的密级时,该主体才能写相应的客体。

规则(1)的意义是明显的。而规则(2)需要解释一下。在某些系统中,第(2)条规则与这里的规则有些差别。这些系统规定:仅当主体的许可证级别小于或等于客体的密级时,该主体才能写相应的客体,即用户可以为写入的数据对象赋予高于自己的许可证级别密级。这样一旦数据被写入,该用户自己也不能再读该数据对象了。这两种规则的共同点在于它们均禁止了拥有高许可证级别的主体更新低密级的数据对象,从而防止了敏感数据的泄露。

强制存取控制(MAC)是对数据本身进行密级标记,无论数据如何复制,标记与数据是一个不可分的整体,只有符合密级标记要求的用户才可以操作数据,从而提供了更高级别的安全性。

前面已经提到,较高安全性级别提供的安全保护要包含较低级别的所有保护,因此在实现MAC时要首先实现DAC,即DAC与MAC共同构成DBMS的安全机制,如图7.3所示。系统首先进行DAC检查,对通过DAC检查的允许存取的数据库对象再由系统自动进行MAC检查,只有通过MAC检查的数据库对象方可存取。

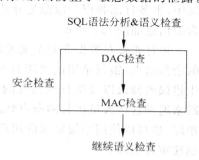

图7.3 DAC+MAC安全检查示意图

7.1.8 视图机制

还可以为不同的用户定义不同的视图,把数据对象限制在一定的范围内,也就是说,通过视图机制把要保密的数据对无权存取的用户隐藏起来,从而自动地对数据提供一定程度的安全保护。

视图机制间接地实现支持谓词的用户权限定义。例如,在某大学中假定王平老师只能检索计算机系学生的信息,系主任张明具有检索和增删改计算机系学生信息的所有权限。这就要求系统能支持"存取谓词"的用户权限定义。在不直接支持存取谓词的系统中,可以先建立计算机系学生的视图CS_Student,然后在视图上进一步定义存取权限。

例7-7 建立计算机系学生的视图,把对该视图的SELECT权限授予王平,把该视图上的所有操作权限授予张明。

```
Create view CS_Student
AS
SELECT *
FROM Student
WHERE Sdept = "CS"

GRANT SELECT
ON CS_Student
```

TO 王平

```
GRANT ALL PRIVILEGES
ON CS_Student
TO 张明
```

7.1.9 审计跟踪

审计跟踪实质上是一种特殊的文件或数据库,系统在上面自动记录下用户对常规数据的所有操作。它是记录对数据库的所有修改(如更新、删除、插入等)的日志,包括何时由何人修改等信息。在一些系统中,审计跟踪与事务日志在物理上是集成的;在另一些系统中,事务日志和审计跟踪是分开的。一种典型的审计跟踪记录包含的信息如图 7.4 所示。

```
1. 操作请求
2. 操作终端
3. 操作人
4. 操作日期和时间
5. 无组、属性和影响
6. 旧值
7. 新值
```

图 7.4 典型的审计文件跟踪记录

审计跟踪对数据库安全又辅助作用。例如,如果发现银行账户的余额错误,银行希望追溯所有对该账户的修改信息,从而发现发生错误的修改以及执行该修改的人员。那么银行可以使用审计跟踪来追溯这些人员进行的所有修改,从而找到错误。许多 DBMS 提供内嵌机制来创建审计跟踪,也可以使用系统定义的用户名和时间变量来定义适当的用于修改操作的触发器,从而创建审计跟踪。

7.1.10 统计数据库安全性

统计数据库提供基于各种不同标准的统计信息或汇总数据,而统计数据库安全系统是用于控制对统计数据库的访问。统计数据库允许用户查询聚合类型的信息,包括总和、平均值、数量、最大值、最小值、标准差等,例如查询"职工的平均工资是多少",但不允许查询个人信息,例如查询"职工张三的工资是多少"。

在统计数据库中存在着特殊的安全性问题,即可能存在隐藏的信息通道,使得可以从合法的查询中推导出不合法的信息。例如,下面两个查询都是合法的。

- 本单位有多少个女教授?
- 本单位女教授的工资总和是多少?

如果第 1 个查询的结果是"1",那么第 2 个查询的结果显然就是这个女教授的工资。这样统计数据库的安全性就失效了。为了解决这个问题,可以规定任何查询至少要涉及 N 个记录(N 要足够大)。但即使如此,还是存在例外的泄密途径。例如,如果某个 A 职工想知道另一个职工 B 的工资数额,他可以通过下面两个合法的查询得到结果。

- 职工 A 和其他 N 个职工的工资总和是多少?
- 职工 B 和其他 N 个职工的工资总和是多少?

假设第一个查询的结果是 X,第二个查询的结果是 Y,由于 A 知道自己的工资是 Z,因此他可以计算出职工 B 的工资 $=Y-(X-Z)$。

这个例子的关键之处在于两个查询之间有很多重复的数据项(即其他 N 个职工的工资),因此可以再规定任意两个查询的相交数据项不能超过 M 个,这样就不容易获得其他人的数据了。

另外,还有一些其他方法解决统计数据库的安全性问题,但是无论采用什么安全机制,都可能存在绕过这些机制的途径。好的安全性措施应该使得那些试图破坏安全的人所花费的代价远远超过他们所能得到的利益,这也是整个数据库安全机制设计的目标。

7.2 数据库的恢复技术

本章的7.2节和7.3节讨论事务(Transaction)处理技术。事务是一系列的数据库操作,是数据库应用程序的基本逻辑单元。事务处理技术主要包括数据库恢复技术和并发控制技术。数据库恢复技术和并发控制机制是数据库管理系统的重要组成部分。本节讨论数据库恢复的概念和常用技术。

7.2.1 事务的基本概念

在讨论数据库恢复技术之前,先讲解事务的基本概念和事务的性质。先思考下面的情况:在SQL Server中,Employee职工表包含1 000 000条记录,假设要执行以下语句

```
Update  Employee  Set  salary = salary * 1.1
```

如果在执行到一半的时候,突然停电。那么重启后,Employee表会发生什么样的变化?

1. 事务定义

事务是由一系列访问和更新操作组成的程序执行单元。这些操作要么都做,要么都不做,是一个不可分割的整体。事务通常是以 Begin Transaction 开始,以 Commit 或 Rollback 结束。Commit 表示提交,即提交事务的所有操作。具体地说,就是将事务中所有对数据库的更新写回到磁盘上的物理数据库中去,事务正常结束。Rollback 表示回滚,即在事务运行的过程中发生了某种故障,事务不能继续执行,系统将事务中对数据库的所有已完成的操作全部撤销,回滚到事务开始时的状态。这里的操作指数据库的更新操作。

在SQL中,定义事务的语句有3条:

```
Begin Transaction
Commit
Rollback
```

例如,银行转账事务由两个操作组成:
(1) 对账户A扣除某一金额;
(2) 对账户B增加相同金额。

这两个操作应该放在同一个事务里,因为要么都做,要么都不做。现在给出一个事务的从账户A转50元到账户B的事务示例。

```
T: Begin Transaction
        read(A);
        A:= A - 50;
        write(A);
```

```
    read(B);
    B:= B + 50;
    write(B);
Commit
```

read(X):把数据项 X 从数据库读出到事务的私有缓冲中;

write(X):把数据项 X 从事务的私有缓冲中写回到数据库。

在关系数据库中,一个事务可以是一条 SQL 语句、一组 SQL 语句或整个程序。

如何判断 SQL 语句属于哪一个事务呢?

如果 SQL 语句处于某个事务的 Begin transaction 和 Commit/Rollback 之间,那么它就属于这个事务;如果以上不成立,那么这个 SQL 语句本身构成一个事务。

例如,下面的 SQL 程序包含一个事务。

```
Begin Transaction
Update account set money = money - 50 where no = "A"
Update account set money = money + 50 where no = "B"
Commit
```

对于这个事务,可以思考:如果执行完第一个 update 语句之后,没有执行第二个 update 语句之前,系统断电。那么在重启以后,两个账户的金额会发生什么样的变化?

因为 SQL 语句本身构成一个事务,下面的 SQL 程序就包含两个事务。

```
Update account set money = money - 50 where no = "A"
Update account set money = money + 50 where no = "B"
```

如果执行完第一个 update 语句之后,没有执行第二个 update 语句之前,系统断电,那么两个账户的金额会发生什么样的变化?

2. 事务的特性

事务具有的 4 个特性:原子性(Atomicity)、一致性(Consistency)、隔离性(Isolation)、持续性(Durability)。这 4 个特性简称为 ACID 特性。

1) 原子性

事务是数据库的逻辑工作单位,事务中包含的所有操作(特指修改操作)要么全部做,要么全不做。

例如,某个转账事务:对账户 A 扣除 50,对账户 B 增加 50。这两个操作要么都做,要么都不做。

原子性由数据库的恢复机制实现。

2) 一致性

事务执行的结果必须是使数据库从一个一致性状态变到另一个一致性状态。独立执行一个事务(无其他事务同时并发执行)的结果必须保证数据一致性。即事务开始前,数据满足一致性要求;事务结束后,数据虽然变化了,但仍然满足一致性的要求。

这里的数据一致性要求是指应用的要求,应根据具体现实而定。

例如,在银行系统中,转账事务的一致性要求是前后两个账户的金额总和不变。假如一个事务为账户 A 减去 100,为账户 B 加上 50,那么这个事务就违反了一致性。

保证单个事务的一致性,由编写事务的应用程序员来负责,并借助完整性机制来协助实现。也就是说，如果有数据一致性要求，应该将其定义成遵循某些完整性规则。

3）隔离性

一个事务的执行不能被其他事务干扰。即一个事务内部的操作及使用的数据对其他并发的事务是隔离的，并发执行的各个事务之间不能互相干扰。

任何一对事务 T1、T2，在 T1 看来，T2 要么在 T1 开始之前已经结束，要么在 T1 结束以后再开始执行（T2 对数据库的修改，T1 要么全部看到，要么全部看不到）。

例如，两个事务 T1、T2 同时对账户 A、B 操作。如果 T1 读取的 A 是 T2 修改前的 A，而读取的 B 是 T2 修改后的 B，这就违反了隔离性，并可能导致数据错误。

隔离性通过数据库的并发控制机制实现。

4）持久性

任何事务一旦提交了，它对数据库的影响就必须是永久性的。无论发生任何故障，都不能取消或破坏这种影响。

例如一个事务将 50 元从账户 A 转到账户 B，那么事务一旦提交，这种交易是无法"悔改"的——即便发生故障，也不能把这 50 元"还"回去。

持久性通过数据库的恢复机制实现。

7.2.2 数据库恢复概述

尽管数据库系统中采取了各种保护措施来防止数据库的安全性和完整性被破坏，保证并发事务的正确执行，但是计算机系统中硬件故障、软件错误、操作员的失误以及恶意的破坏仍是不可避免，这些故障轻则造成运行事务非正常中断，影响数据库中数据的正确性，重则破坏数据库，是数据库中全部或部分数据丢失。因此数据库管理系统必须具有把数据库从错误状态恢复到某一已知的正确状态（亦称为一致状态或完整状态）的功能，这就是数据库的恢复。恢复子系统是数据库管理系统的一个重要组成部分，而且相当庞大，常常占整个系统代码的百分之十以上。数据库系统所采用的恢复技术是否行之有效，不仅是对系统的可靠程度起着决定性作用，而且对系统的运行效率也有很大影响，是衡量系统性能优劣的重要指标。

数据库系统中可能发生各种各样的故障，大致可以分为以下几类。

1. 事务内部的故障

事务内部的故障有的是可以通过事务程序本身发现的（见下面转账事务的例子），有的是非预期的，不能由事务程序处理的。

例如，银行转账事务，这个事务把一笔金额从账户 A 转给账户 B，账户 A 中的余额不足，则应该不能进行转账，否则可以进行转账。这个对金额的判断就可以在事务的程序代码中进行判断。如果发现不能转账的情况，对事务进行回滚即可。这种事务内部的故障就是可以预期的。

但事务内部的故障有很多是非预期的，这样的故障就不能由应用程序来处理。如运算溢出或因并发事务死锁而被撤销的事务等。我们以后所讨论的事务故障均指这类非预期性的故障。

事务故障意味着事务没有达到预期的终点（COMMIT 和 ROLLBACK），因此，数据库可能处于不正确的状态。数据库的恢复机制要在不影响其他事务运行的情况下,强行撤销该事务中的全部操作,使得该事务就像没有发生过一样。

2. 系统故障

系统故障是指造成系统停止运转、系统重启的故障。例如,硬件错误(CPU 故障)、操作系统故障、突然停电等。这样的故障会影响正在运行的所有事务,但不会破坏数据库。这时内存中的内容全部丢失,参照图 7.5,这可能会有两种情况:第一种,一些未完成事务的结果可能已经送入物理数据库中,从而造成数据库可能处于不正确状态;第二种,有些已经提交的事务可能还有一部分结果还保留在全局缓冲区中,尚未写入到物理数据库中,这样系统故障会丢失这些事务对数据的修改,也使数据库处于不一致状态。

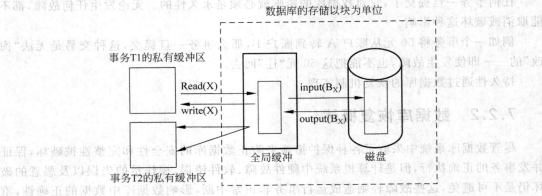

图 7.5 事务的读和写

为了保证事务的 ACID 特性,恢复子系统必须在系统重新启动时撤销所有未完成的事务,也就是 UNDO 未提交事务,找到这些事务的全部修改并撤销之(改成旧值),纠正它们修改已写入磁盘的错误。重做所有已提交的事务,即 REDO 已提交事务,找到这些事务的全部修改并重做之(改成新值),纠正它们修改未写入磁盘的错误。最终保证将数据库恢复到一致状态。

3. 介质故障

介质故障是因某种原因,磁盘上的数据部分或完全丢失。一般是相关的人为破坏或者硬件故障,例如,错误的格式化、磁盘坏道、机房失火等。这类故障比前两类故障发生的可能性小很多,但是破坏性最大。

介质故障的特征是磁盘上的数据丢失。对于介质故障的数据库恢复策略是根据其他地点(磁盘、磁带)上的数据备份,重建数据库。任何数据被破坏或发生错误后,都可以通过存储在其他地点的冗余数据重建该数据库,恢复的原理简单,但是实现的技术细节却很复杂。

4. 计算机病毒

计算机病毒是一种人为的故障或破坏,是一些恶作剧者研制的一种计算机程序。这种程序与其他程序不同,它像微生物学所称的病毒一样可以繁殖和传播,并造成对计算机系统

（包括数据库）的危害。

病毒的种类很多，不同的病毒有不同的特征。小的病毒只有20条指令，不到50B。大的病毒像一个操作系统，由上万条指令组成。

有的病毒传播很快，一旦侵入系统就马上摧毁系统；有的病毒有较长的潜伏期，机器在感染后数天或数月才开始发病；有的病毒感染系统所有的程序和数据；有的只对某些特定的程序和数据感兴趣。多数病毒一开始并不摧毁整个计算机系统，它们只在数据库中或其他数据文件中将小数点向左或向右移一移，增加或删除一两个"0"。

计算机病毒已经成为计算机系统的主要威胁，自然也是数据库系统的主要威胁。为此计算机的安全工作者已研制了许多预防病毒的"疫苗"，检查、诊断、消灭计算机病毒的软件也在不断发展。但是，至今还没有一种可以使计算机"终生"免疫的"疫苗"。因此数据库一旦被破坏，仍要用恢复技术把数据库加以恢复。

总结各类故障，对数据库的影响有两种可能性：一是数据库本身被破坏；二是数据库没有被破坏，但数据可能不正确，这是由于事务的运行被非正常终止而造成的。

恢复的原理十分简单。可以用一个词来概括：冗余。这就是说，数据库中任何一部分被破坏的或不正确的数据可以根据存储在系统其他位置的冗余数据来重建。尽管恢复的基本原理很简单，但实现技术的细节却相当复杂。

7.2.3 恢复的实现技术

恢复机制涉及的两个关键问题是：第一，如何建立冗余数据；第二，如何利用这些冗余数据实时数据库恢复。

建立冗余数据最常用的技术是数据转储和登记日志文件。

1．数据转储（Backup）

数据转储由 DBA 定期将数据库进行复制，得到后备副本并保存在另外的磁盘或磁带上的过程。

当数据库遭到破坏后可以将后备副本重新装入，但重装后备副本只能将数据库恢复到转储时的状态，要想恢复到转储时的状态，必须重新运行自转储以后的所有更新事务。例如，在图 7.6 中，系统在 T_a 时刻停止运行事务，进行数据库转储，在 T_b 时刻转储完毕，得到 T_b 时刻的数据库一致性副本。系统运行到 T_f 时刻发生故障。为恢复数据库，首先由 DBA 重装数据库后备副本，将数据库恢复至 T_b 时刻的状态，然后重新运行自 $T_b \sim T_f$ 时刻的所有更新事务，这样就把数据库恢复到故障发生前的一致状态。

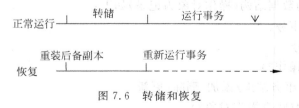

图 7.6 转储和恢复

转储是十分耗费时间和资源的，不能频繁进行。DBA 应该根据数据库使用情况确定一个适当的转储周期。

转储可分为静态转储和动态转储。

静态转储是在系统中无运行事务时进行的转储操作。即转储操作开始的时刻,数据库处于一致性状态,而转储期间不允许(或不存在)对数据库的任何存取、修改活动。显然,静态转储得到的一定是一个满足数据一致性的副本。

静态转储简单,但转储必须等待正运行的用户事务结束才能进行。同样,新的事务必须等待转储结束才能执行。显然,这会降低数据库的可用性。

动态转储是指转储期间允许对数据库进行存取或修改,即转储和用户事务可以并发执行。

动态转储可以克服静态转储的缺点,它不用等待正在运行的用户事务结束,也不会影响新事务的运行。但是,转储结束时后备副本上的数据并不能保证有效。力图在转储期间的某个时刻 T_c,系统把数据 $A=100$ 转储到磁带上,而在下一时刻 T_d,某一事务将 A 改为 200。转储结束后,后备副本上的 A 已是过时的数据了。

为此,必须把转储期间各事务对数据库的修改活动登记下来,建立日志文件(log file)。这样,后备副本加上日志文件就能把数据库恢复到某一时刻的正确状态。

转储还可以分为海量转储和增量转储两种方式。海量转储是指每次转储全部数据库。增量转储则指每次转储上一次转储后更新过的数据。例如,某个数据库有 100MB 数据,自上次转储以来,有 1MB 的数据被修改过(添加、更新、删除),则海量转储和增量转储的数据量近似 100:1。从恢复角度看,使用海量转储得到的后备副本进行恢复一般说来会更方便些。但如果数据库很大,事务处理又十分频繁,则增量转储方式更实用、更有效。

2. 登记日志文件(Logging)

1) 日志文件的格式和内容

日志文件是用来记录事务对数据库的更新操作的文件。不同的数据库系统采用的日志文件格式并不完全一样。概括起来,日志文件主要有两种格式:以记录为操作对象的日志文件和以数据块为操作对象的日志文件。

对于以记录为单位的日志文件,登记到日志文件的内容包括:
- 登记事务开始(Begin Transaction)的日志记录。
- 登记事务结束(Commit 或 Rollback)的日志记录。
- 登记事务中修改操作对象的日志记录(每次修改对应一条记录)。

这里每个事务开始的标记、每个事务的结束标记和每个更新操作均为日志文件中的一个日志记录(log record)。

一条日志记录的数据结构(操作对象为记录)如下:
事务标识(哪个事务?)
- =事务的编号

操作类型(哪种操作?)
- =事务开始/事务结束/添加/删除/更新

操作对象的标识(哪个操作对象?)
- =记录的内部编号

修改前记录的旧值

- 对插入操作＝空

修改后记录的新值

- 对删除操作＝空

例如,单个执行的事务 T1,假设时开始 A＝1000,B＝2000。T1 的日志文件中日志记录的内容如表 7.2 所示。

表 7.2　事务 T1 的日志记录

(begin transaction)	……
read(A);	T1　Start
A:= A −50;	T1　Update A 1000 950
write(A);	T1　Update B 2000 2050
read(B);	T1　Commit
B:= B + 50;	……
write(B);	
(commit)	

2) 日志文件的作用

日志文件在数据库恢复中起着非常重要作用。可以用来进行事务故障恢复和系统故障恢复,并协助后备副本进行介质故障恢复。具体作用是:事务故障恢复和系统故障恢复必须用日志文件。

在动态转储方式中必须建立日志文件,后备副本和日志文件结合起来才能有效地恢复数据库。

在静态转储方式中,也可以建立日志文件。当数据库毁坏后可重新装入后备副本把数据库恢复到转储结束时刻的正确状态,然后利用日志文件,把已完成的事务进行重做处理,对故障发生时尚未完成的事务进行撤销处理。这样不必重新运行已完成的事务程序就可把数据库恢复到故障前某一时刻的正确状态,如图 7.7 所示。

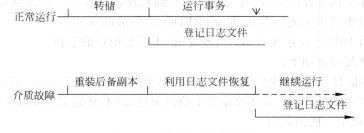

图 7.7　利用日志文件恢复

3) 登记日志文件

为保证数据库是可恢复的,登记日志文件时必须遵循两条原则:

- 登记的次序严格按并发事务执行的时间次序;
- 必须先写日志文件,后写数据库。

把对数据的修改写到数据库中和把表示这个修改的日志记录写到日志文件中是两个不同的操作。有可能在这两个操作之间发生故障,即这两个写操作只完成了一个。如果先写了数据库修改,而在运行记录中没有登记这个修改,则以后就无法恢复这个修改了。如果先写日志,但没有修改数据库,按日志文件恢复时只不过是多执行一次不必要的 UNDO 操作,并不影响数据库的正确性。所以为了安全,一定要先写日志文件,即首先把日志记录写到日志文件中,然后写数据库的修改。这就是"先写日志文件"的原则。

7.2.4 恢复策略

当系统运行过程中发生故障,利用数据库后备副本和日志文件就可以将数据库恢复到故障前的某个一致性状态。对于不同故障,其恢复的策略和方法也不一样。

1. 事务故障的恢复

事务故障是指事务在运行至正常终点前被终止,这时恢复子系统应利用日志文件撤销(UNDO)此事务已对数据库进行的修改。事务故障的恢复由系统自动完成,对用户透明(不介入)。

恢复过程(UNDO 该事务):

(1) 反向扫描日志文件,查找该事务的全部修改记录。

(2) 对每个修改记录执行撤销操作:将记录中"修改前旧值"写入磁盘。即将日志记录中"更新前的值"写入数据库。这样,如果记录中是插入操作,则相当于做删除操作(因此"更新前的值"为空);若记录中是删除操作,则做插入操作;若是修改操作,则相当于用修改前值代替修改后值。

(3) 直至扫描到该事务的开始记录,事务故障恢复即告完成。

2. 系统故障的恢复

前面已讲过,系统故障造成数据库不一致状态有两个原因:第一个原因是一些未完成事务的结果可能已经送入物理数据库中;第二个原因是有些已经提交的事务可能还有一部分结果还保留在全局缓冲区中,没有来得及写入到物理数据库中。因此恢复操作就要撤销(UNDO)故障发生时未完成的事务,重做(REDO)已完成的事务。

系统故障由 DBMS 在重新启动后自动完成,不需要用户的干预。

系统故障恢复步骤如下:

(1) 正向扫描日志文件,找到故障发生前已提交(有开始和 Commit 记录)的全部事务,把其事务标识放入重做队列;找到故障发生前尚未提交(有开始无 Commit 记录)的全部事务,将其事务标识记入撤销队列。

(2) UNDO 撤销队列中的所有事务——反向扫描日志文件,对属于这些事务的修改记录,撤销之:写入"修改前旧值"到磁盘。

(3) REDO 重做队列中的所有事务——正向扫描日志文件,对属于这些事务的修改记录,重做之:写入"修改后新值"到磁盘。

3. 介质故障的恢复

发生介质故障后,磁盘上的物理数据和日志文件被破坏,这是最严重的一种故障,恢复方法是重装数据库,然后重做已完成的事务。介质故障的恢复一般由 DBA 来完成。

介质故障的恢复步骤如下：

（1）装入最近一次转储的数据库副本，并使数据库恢复到最近一次转储时的状态（对于动态转储得到的副本，还需同时装入转储时的日志文件副本，通过 REDO＋UNDO 恢复到一致性状态）。

（2）装入转储后到故障发生时的日志文件副本，重做那些已提交事务。恢复到故障发生时的数据库状态。

7.2.5 具有检查点的恢复技术

利用日志技术进行数据库恢复时，恢复子系统必须搜索日志，确定哪些事务需要 REDO，哪些事务需要 UNDO。一般来说，需要检查所有日志记录。这样做有两个问题：一是搜索整个日志将耗费大量时间。不断有新的事务开始—修改数据—结束，这些操作都要登记日志记录，导致日志文件不断加长。如不采取措施，这种增长是无限制的。例如，一个 10MB 的数据库，每天主要做更新操作，产生 1MB 的日志数据，则 100 天后，日志文件是数据库容量的 10 倍。二是有必要完整地扫描全部日志吗？例如，在恢复系统故障中，首先正向扫描全部日志文件以确定哪些事务已提交（需要 REDO），哪些事务未提交（需要 UNDO）；然后反向扫描进行 UNDO，正向扫描进行 REDO。对于大部分早已结束的事务，它们的修改已经写入磁盘，或者已经撤销了。REDO、UNDO 它们实际上就是再写入或者撤销一遍修改，虽然不会造成错误，但是浪费了时间。以上的两个问题会导致性能低下。

为了解决这两个问题，发展了具有检查点的恢复技术。这种技术在日志文件中增加了一类新的记录——检查点（checkpoint）记录，增加一个重新开始文件，并让恢复子系统在登录日志文件期间动态地维护日志。

把日志分为相对小得多的若干段，检查点可以作为这种段间的分隔。在进行恢复时，把扫描的范围尽量限制在最后的一两段内。检查点记录的内容包括以下两点：

- 建立检查点时刻所有正在执行的事务列表。
- 这些事务最近一个日志记录的地址。

重新开始文件用来记录各个检查点记录在日志文件中的地址。图 7.8 说明了建立检查点 C_i 对应的日志文件和重新开始文件。引入检查点后，日志文件的登记需要周期地建立检查点。

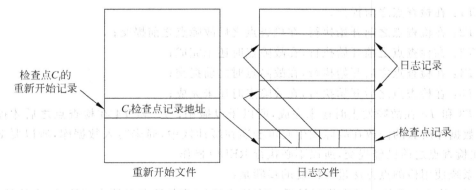

图 7.8　具有检查点的日志文件和重新开始文件

此外,在事务开始、结束、修改数据时,仍和原来一样进行登记日志记录的操作。

动态维护日志文件的方法是,周期性地执行如下操作:建立检查点,保存数据库状态。具体步骤是:

(1) 将缓冲中的所有日志记录写入到磁盘(先写日志);
(2) 将缓冲中的所有修改写入到磁盘(后写数据);
(3) 在日志文件中写入一个检查点记录;
(4) 把这个检查点记录在日志文件中的地址写入重新开始文件(检查点生效)。

恢复子系统可以定期或不定期地建立检查点保存数据库状态。检查点可以按照预定的一个时间间隔建立,如每隔一小时建立一个检查点;也可以按照某种规则建立检查点,如日志文件已写满一半建立一个检查点。

使用检查点方法可以改善恢复效率。T 在一个检查点之前提交,T 对数据库所做的修改一定都已经写入到数据库,写入时间是在这个检查点建立之前或在这个检查点建立之时。这样,在进行恢复处理时,没有必要对事务 T 执行 REDO 操作。当事务 T 提交意味着的全部修改已经写入数据库——要么写入了磁盘,要么仍在缓冲中。而之后建立检查点 cp,则缓冲中所有修改包括 T 的那些全部写入磁盘。所以 cp 一旦成功建立,意味着 T 的全部修改已写入磁盘,也意味着 T 无必要 REDO(因为 REDO 是为了防止已提交事务修改未写入磁盘的错误)。系统出现故障时,恢复子系统将根据事务的不同状态采取不同的恢复策略,如图 7.9 所示。

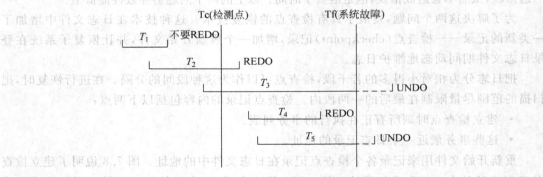

图 7.9 恢复子系统采取的不同策略

$T1$:在检查点之前提交;
$T2$:在检查点之前开始执行,在检查点之后故障点之前提交;
$T3$:在检查点之前开始执行,在故障点时还未完成;
$T4$:在检查点之后开始执行,在故障点时之前提交;
$T5$:在检查点之后开始执行,在故障点时还未完成。

$T3$ 和 $T5$ 在故障发生时还未完成,所以予以撤销;$T2$ 和 $T4$ 在检查点之后才提交,它们对数据库所做的修改在故障发生时可能还在缓冲区中,尚未写入数据库,所以要 REDO;$T1$ 在检查点之前已经提交,所以不必执行 REDO 操作。

系统使用检测点方法进行恢复的步骤是:

(1) 从重新开始文件中找到最后一个检查点记录在日志文件中的地址,由该地址在日志文件中找到最后一个检查点记录。

(2) 由该检查点记录得到检查点建立时刻所有正在执行的事务清单 ACTIVE-LIST。

这里建立两个事务队列：
- UNDO-LIST——需要执行 UNDO 操作的事务集合；
- REDO-LIST——需要执行 REDO 操作的事务集合。

把 ACTIVE-LIST 暂时放入 UNDO-LIST 队列，REDO 队列暂为空。

(3) 从检查点开始正向扫描日志文件。
- 如有新开始的事务 T_i，把 T_i 暂时放入 UNDO-LIST 队列；
- 如有提交的事务 T_j，把 T_j 从 UNDO-LIST 队列移到 REDO-LIST 队列；直到日志文件结束。

(4) 对 UNDO-LIST 中的每个事务执行 UNDO 操作，对 REDO-LIST 中的每个事务执行 REDO 操作。

7.2.6　数据库镜像

如前所述，介质故障是对系统影响最为严重的一种故障。系统出现介质故障后，用户应用全部中断，恢复起来比较费时。而且 DBA 必须周期性地转储数据库，这也加重了 DBA 的负担。如果不及时而正确地转储数据库，一旦发生介质故障，会造成较大的损失。

随着磁盘容量越来越大，价格越来越便宜，为避免磁盘介质出现故障影响数据库的可用性，许多数据库管理系统提供了数据库镜像(Mirror)功能用于数据库恢复。即根据 DBA 的要求，自动把整个数据库或其中的关键数据复制到另一个磁盘上。每当主数据库更新时，DBMS 自动把更新后的数据复制过去，即 DBMS 自动保证镜像数据与主数据库的一致性(如图 7.10(a)所示)。这样，一旦出现介质故障，可由镜像磁盘继续提供使用，同时 DBMS 自动利用镜像磁盘进行数据库的恢复，不需要关闭系统和重装数据库副本(如图 7.10(b)所示)。在没有出现故障时，数据库镜像还可以用于并发操作，即当一个用户对数据加排他锁修改数据时，其他用户可以读镜像数据库上的数据，而不必等待该用户释放锁。

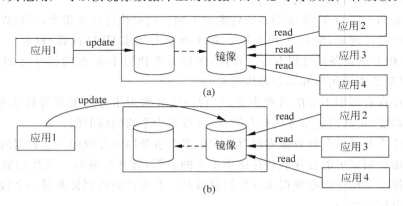

图 7.10　数据库镜像

由于数据库镜像是通过复制数据实现的，频繁地复制数据自然会降低系统运行效率，因此在实际应用中用户往往只选择对关键数据和日志文件镜像，而不是对整个数据库进行镜像。

7.3 并发控制

数据库是一个共享的资源,可以供多个用户使用。允许多个用户同时使用的数据库系统成为多用户数据库系统。例如,飞机订票数据库系统、银行数据库系统等都是多用户数据库系统。在这样的系统中,在同一时刻并发运行的事务数可达数百个。

事务调度的类型可以分为串行调度和并发调度。

事务可以一个一个地串行执行,执行完一个事务才开始执行下一个事务,因此从时间顺序上看,同一事务的指令紧挨在一起。如图 7.11(a)所示为事务的串行执行方式。事务在执行过程中需要不同的资源,有时需要 CPU,有时需要存取数据库,有时需要 I/O,有时需要通信。

如果事务串行执行,则许多系统资源将处于空闲状态。因此,为了充分利用系统资源发挥数据库共享资源的特点,应该允许多个事务并行地执行。

在单处理机系统中,并发调度是未执行完一个事务时,可转去执行另一个事务。因此从时间顺序上看,不同事务的指令彼此交叉。如图 7.11(b)所示为事务的交叉并发执行方式。

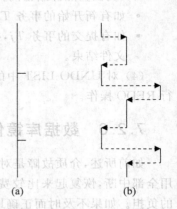

图 7.11 事务的执行方式

虽然单处理机系统中的并行事务并没有真正地并行运行,但是减少了处理机的空闲时间,提高了系统的效率。

在多处理机系统中,每个处理机可以运行一个事务,多个处理机可以同时运行多个事务,实现多个事务真正地并行运行。这种并行执行方式称为同时并发方式(Simultaneous Concurrency)。本章讨论的数据库系统并发控制技术是以单处理机系统为基础的,这些理论可以推广到多处理机的情况。

并发调度相对串行调度的优点有:

不同事务的不同指令,涉及的系统资源也不同。同时执行这些指令,可以提高资源利用率和系统吞吐量。例如,事务 A 和事务 B,都由指令 1(要求 CPU 计算)和指令 2(要求 I/O)组成。CPU 和 I/O 设备是可以并行工作的,所以并发执行事务 A 的指令 2 和事务 B 的指令 1 时,可以避免资源闲置和缩短总执行时间。

系统中存在着周期不等的各种事务,串行调度导致短事务可能要等待长事务的完成。而采用并发调度,灵活决定事务的执行顺序,可以减少平均响应时间。

当多个用户并发地存取数据库时就会产生多个事务同时存取同一个数据的情况。若对并发操作不加控制就可能会存取和存储不正确的数据,破坏事务的一致性和数据库的一致性。所以数据库管理系统必须提供并发控制机制。并发控制机制是衡量一个数据库管理系统性能的重要标志之一。

7.3.1 并发控制概述

在 7.2 节中已经讲到,事务是并发控制的基本单位,是保证事务 ACID 特性是事务处理的重要任务,而事务 ACID 特性可能遭到破坏的原因之一是多个事务对数据库的并发操作。为了保证事务的隔离性和一致性,DBMS 需要对并发操作进行正确调度。这些就是数据库管理系统中并发控制机制的责任。

下面先来对串行调度和并发调度做出比较,观察并发操作带来的数据不一致问题。

例 7-8 有事务 T1 和事务 T2。事务 T1 是从 A 账户转账 50 元到 B 账户,事务 T2 是从 A 账户转账 10% 到 B 账户。A 的初值为 1000,B 的初值为 2000。根据事务的一致性要求 A 和 B 的总和要保持不变。分别串行和并发调度 T1 和 T2。这里开始时 A=1000,B=2000;结束时 A=855,B=2145。事务开始时 A 和 B 的和(3000)与事务结束时 A、B 的和(3000)保持一致。

事务 T1	事务 T2
read(A);	read(A);
A := A − 50;	temp = A * 0.1
write(A);	A := A − temp;
read(B);	write(A);
B := B + 50;	read(B);
write(B);	B := B + temp;
	write(B);

如图 7.12 所示,串行调度 T1、T2 的过程。

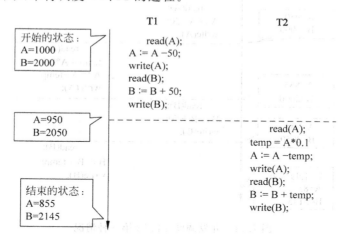

图 7.12　串行调度 T1、T2

如图 7.13 所示,串行调度 T2、T1 的过程。

在图 7.13 中,开始时 A=1000,B=2000;结束时 A=850,B=2150。事务开始时 A 和 B 的和(3000)与事务结束时 A、B 的和(3000)保持一致。

从图 7.12 和图 7.13 的分析中可以得出,在保证单个事务一致性的情况下,串行调度多个事务时,不会破坏数据一致性。

接下来分析并发调度的情况。如图 7.14 所示为并发调度的第一种情况。

那么这个并发调度的结果是否保证了数据一致性?显然这个并发调度保证了数据的一致性。这里开始时 A=1000,B=2000;结束时 A=855,B=2145。事务开始时 A 和 B 的和

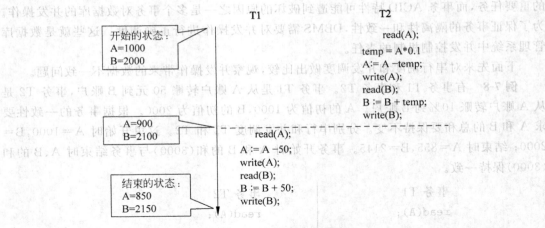

图 7.13 串行调度 T2、T1

(3000)与事务结束时 A、B 的和(3000)保持一致。其并发调度的结果与图 7.12 所示的串行调度的结果一致。那么 T1、T2 读取的是否为对方修改过的数据？T1 每次读取的数据都没有被 T2 所修改过,可以说 T1 没有看到 T2 对数据的修改。而 T2 每次读取的数据都被 T1 所修改过,可以说 T2 全部看到 T1 对数据的修改。这样的操作满足了事务的隔离性。

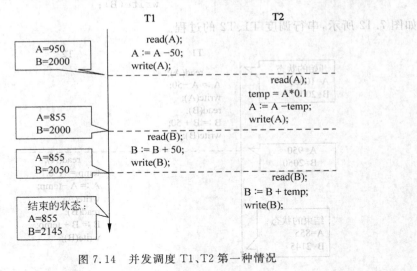

图 7.14 并发调度 T1、T2 第一种情况

第二种并发调度的情况如图 7.15 所示。

图 7.15 这个并发调度失去了数据的一致性。这里开始时 A＝1000,B＝2000;结束时 A＝900,B＝2150。事务开始时 A 和 B 的和(3000)与事务结束时 A、B 的和(3050)未能保持一致。其并发调度的结果与图 7.12 和图 7.13 所示的串行调度的结果都不一致。那么 T1、T2 读取的是否为对方修改过的数据？T1 读取了没有被 T2 所修改过的数据 A,T1 还读取了被 T2 所修改过的数据 B。可以说 T1 有时看到 T2 对数据的修改,有时又没有看到 T2 对数据的修改。这样的操作违背了事务的隔离性。

从图 7.14 和图 7.15 的分析看,并发调度多个事务时,可能会、也可能不会破坏数据一致性。这往往取决于并发调度是否违反隔离性。

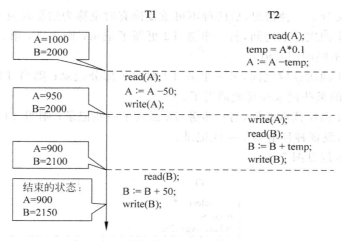

图 7.15 并发调度 T1、T2 第二种情况

错误的并发调度可能产生 3 种错误,又称为 3 类数据不一致性:
- 丢失修改。
- 不可重复读。
- 读"脏"数据。

丢失修改的产生的原因是:当并发调度两个事务 T1、T2。当 T1 与 T2 从数据库中读入同一数据后分别修改。假设 T1 先提交,而 T2 后提交,则 T2 提交的修改覆盖了 T1 提交的修改,导致 T1 的修改丢失。丢失修改的示例见图 7.16。

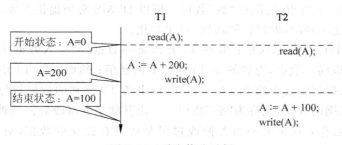

图 7.16 丢失修改示例

不可重复读的产生的原因是:当事务 T1 读取某些数据(记录)后,事务 T2 对这些数据(记录)做了某种修改操作,当 T1 再次读取该数据(记录)时,得到的是与前一次不同的值。不可重复的示例见图 7.17。

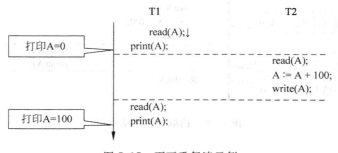

图 7.17 不可重复读示例

不可重复读又分为3种情况(后两种不可重复读有时也称为幻影现象):
- 在事务T1两次读取之间,另一事务T2更新了记录;则当T1第二次读取时,得到与前一次不同的记录值。
- 在事务T1两次读取之间,另一事务T2删除了部分记录;则当T1第二次读取时,发现其中的某些记录神秘地消失了。
- 在事务T1两次读取之间,另一事务T2插入了一些记录;则当T1第二次按相同条件读取时,发现神秘地多了一些记录。

幻影现象的示例见图7.18。

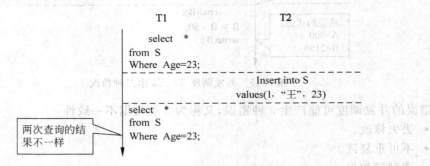

图7.18 幻影现象示例

事务调度分为串行调度和并发调度。尽管并发调度能够提高执行事务的效率,但并发调度事务时,如果不作控制,在未保证事务隔离性的情况下,就可能产生3类数据不一致性(错误):丢失修改、不可重复读、读"脏"数据。所以DBMS必须提供并发控制机制,来保证事务的并发调度是正确的,即保证隔离性/可串行化。

读"脏"数据的产生的原因是:事务T1修改某一数据,并写入数据库,但尚未结束(提交);事务T2读取同一数据,得到的是T1修改后的新值;然而事务T1由于某种原因被撤销,则数据库中的数据恢复为修改前的旧值,这样事务T2读到的数据就与数据库最终的数据不一致,是不正确的数据,又称为"脏"数据——由其他事务修改后但又被撤销的数据。

广义的"脏"数据:凡是另一事务修改过但是还没有提交的数据,对本事务来说都是"脏"的。读这种广义的"脏"数据是件冒风险的事情:可能是正确的——如果最后对方事务提交了这种修改;也可能会出错——如果像图7.19的例子一样,对方事务最后把这种修改撤销了。所以在严格要求正确性的场合,读"脏"数据是不允许的。

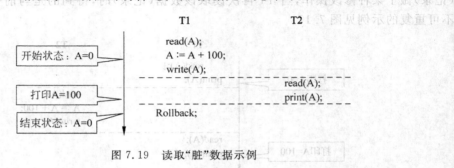

图7.19 读取"脏"数据示例

7.3.2 封锁

多个事务的并发执行是正确的,当且仅当其结果与按某一次序串行地执行这些事务时结果相同,称这种调度策略为可串行化(Serializable)的调度。例如,图 7.14 就是一个可串行化的并发调度。可串行化是并发事务正确调度的准则。虽然以不同的顺序串行执行事务可能会产生不同的结果,但是不会将数据库置于不一致的状态,因此都是正确的。

按照这个准则,一个给定的并发调度,当且仅当它是可串行化的,才认为是正确调度。并发控制的任务是:保证事务的并发调度是正确的(保证隔离性/可串行化——效果上等价于某个串行调度),最后不会破坏数据一致性。

封锁是实现并发控制的一个非常重要的技术。目前,大部分的商用 DBMS 都是采用封锁机制来实现并发控制。所谓封锁,就是事务 T 在对某个数据对象(例如表、记录等)操作之前,先向系统发出请求,对其加锁。加锁后事务 T 就对该数据对象有了一定的控制,在事务 T 释放它的锁之前,其他的事务不能对此数据对象进行某些操作。

封锁的基本类型有两种:排他锁(Exclusive Lock,简称 X 锁)和共享锁(Share Lock,简称 S 锁)。

X 锁,又称写锁,或排他锁。一个事务对数据对象 A 进行修改(写)操作前,给它加上 X 锁。加上 X 锁后,其他任何事务都不能再对 A 加任何类型的锁,直到 X 锁被 T 释放止。

S 锁,又称读锁,或共享锁。一个事务对 A 进行读取操作前,给它加上 S 锁。加上 S 锁后,其他事务可以 A 加更多的锁:当然,只能是另外一个 S 锁,而不能是 X 锁。直到 S 锁被 T 释放为止。

排他锁与共享锁的控制方式可以用如图 7.20 所示的相容矩阵(compatibility matrix)来表示。

T1\T2	X	S	—
X	N	N	Y
S	N	Y	Y
—	Y	Y	Y

Y=Yes,相容的请求
N=No,不相容的请求

图 7.20 封锁类型的相容矩阵

在图 7.20 的封锁类型相容矩阵中,最左边一列表示事务 T1 已经获得的数据对象上的锁类型,其中横线表示没有加锁。最上面一行另一事务 T2 对同一数据对象发出的封锁请求。T2 的封锁请求能否被满足用矩阵中的 Y 和 N 表示,其中 Y 表示事务 T2 的封锁要求与 T1 已持有的锁相容,封锁请求可以满足。N 表示 T2 的封锁请求与 T1 已持有的锁冲突,T2 的请求被拒绝。

1. 死锁

如果事务 T1 封锁了数据 R1,T2 封锁了数据 R2,然后 T1 又请求封锁 R2,由于 T2 已经封锁了 R2,因此 T1 等待 T2 释放 R2 上的锁。然后 T2 又请求封锁 R1,由于 T1 已经封锁了 R1,因此 T2 也只能等待 T1 释放 R1 上的锁。这样就会出现 T1 等待 T2 先释放 R2 上的锁,而 T2 又等待 T1 先释放 R1 上的锁的局面,此时 T1 和 T2 都在等待对方先释放锁,因此形成死锁,如图 7.21 所示。

```
              T1                    T2
     ①  对R1加锁,获得
     ②                         对R2加锁,获得
     ③  要对R2加锁
     ④  等待                    要对R1加锁
     ⑤  等待                    等待
         等待                    等待
```

图 7.21 死锁

预防死锁的方法有多种,常用的方法有一次性封锁法和顺序封锁法。一次性封锁法是指每一个事务一次将所有要使用的数据全部加锁。这种方法的问题是封锁范围过大,降低了系统的并发性。而且由于数据库中的数据不断变化,使原来可以不用加锁的数据,在执行过程中变成了被封锁对象,进一步扩大了封锁范围,从而更进一步降低了并发性。顺序封锁法是预先对数据对象规定一个封锁顺序,所有事务都按这个顺序封锁。这种方法的问题是若封锁对象较多,则随着插入、删除等操作的不断变化,维护这些资源的封锁顺序就很困难,另外事务的封锁请求可随事务的执行而动态变化,因此很难事先确定每个事务的封锁数据及其封锁顺序。

2. 封锁协议

事务对数据对象加锁时,还需遵守某些规则,包括是否(对读写操作)加锁、何时加锁、何时释放。我们称这些规则为封锁协议(Locking Protocol)。对封锁方式规定不同的规则,就形成了不同级别的封锁协议。不同级别的封锁协议所能达到的系统一致性级别是不同的。

1) 一级封锁协议

一级封锁协议的要求为若事务对数据对象 A 做的是修改操作时,必须首先对其加 X 锁(第一次 read/write 之前),且直到事务结束才能释放 X 锁(commit 或 rollback 后)。若事务对 A 做的是读取操作,则没有任何要求(加锁/不加锁都可以)。

如图 7.22 所示利用一级封锁协议解决丢失修改的问题。

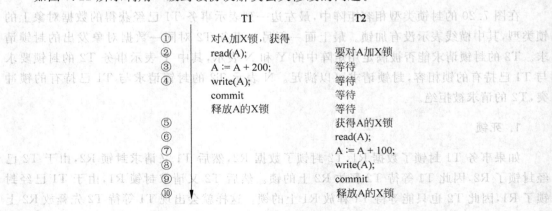

图 7.22 没有丢失修改

因为两个事务无法"分别修改"同一个数据，所以一级封锁协议可解决丢失修改的问题。

2）二级封锁协议

在一级封锁协议的基础上，若事务对 A 做读取操作，则读操作（read）前要求对其加 S 锁，读操作后可在任意时刻释放 S 锁。

如图 7.23 所示为利用二级封锁协议解决读取"脏"数据的问题。

图 7.23　没有读"脏"数据

因为没有事务能够读取其他事务正在修改、还未提交的数据，利用二级封锁协议可解决读"脏"数据的问题。

3）三级封锁协议

在一级封锁协议的基础上，若事务对 A 做的是读取操作，则要求首先对其加 S 锁（第一次 read 之前），且直到事务结束才能释放 S 锁（commit 或 rollback 后）。

如图 7.24 所示为利用三级封锁协议解决不可重复读的问题。

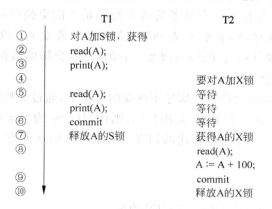

图 7.24　可重复读

因为没有事务能够修改其他事务正在读取的数据，所以三级封锁协议可解决不可重复读的问题。

3 个封锁协议的主要区别在于哪些操作需要申请封锁，以及何时释放锁。3 个级别的封锁协议的总结如表 7.3 所示。

表 7.3 不同级别的封锁协议

封锁协议	X锁 (对写数据)	S锁 (对只读数据)	不丢失修改 (写)	不读脏数据 (读)	可重复读 (读)
一级	事务全程加锁	不用加锁	√		
二级	事务全程加锁	读前加锁,读完后随时可释放	√	√	
三级	事务全程加锁	事务全程加锁	√	√	√

7.3.3 并发调度可串行化的两个充分条件

根据前面分析,多个事务串行执行时,其结果一定是正确的。在并发调度中,只有当并发调度的结果跟某一次序串行调度的结果相同时,它才是一个正确的调度,我们称该并发调度为可串行化调度。在实际情况中,又怎样来判断它是否是一个可串行化调度呢?下面给出可串行化的两个充分条件。

1. 冲突可串行化调度

首先介绍冲突操作的概念。

冲突操作是指不同的事务对同一个数据的读写操作和写写操作:

$R_i(x)$与$W_j(x)$ /*事务 Ti 读 x,Tj 写 x*/
$W_i(x)$与$W_j(x)$ /*事务 Ti 写 x,Tj 写 x*/

其他操作是不冲突操作。

不同事务的冲突操作和同一个事务的两个操作是不能交换(Swap)的。对于 $R_i(x)$与 $W_j(x)$,若改变二者的次序,则事务 Ti 看到的数据库状态就发生了改变,自然会影响到事务 Ti 后面的行为。对于 $W_i(x)$与 $W_j(x)$,改变二者的次序,会影响数据库的状态,x 的值由等于 Tj 的结果变成了等于 Ti 的结果。

一个调度 Sc 在保证冲突操作的次序不改变的情况下,通过交换两个事务不冲突的操作的次序得到另一个调度 Sc',如果 Sc'是串行的,则称调度 Sc 为冲突可串行化的调度。一个调度是冲突可串行化,一定是可串行化的调度。因此可以用这种方法来判断一个调度是否是冲突可串行化的。

例 7-9 今有调度

Sc1 = r1(A)w1(A)r2(A)w2(A)r1(B)w1(B)r2(B)w2(B)

可以把 w2(A)与 r1(B)w1(B)交换,得到:

r1(A)w1(A)r2(A)r1(B)w1(B)w2(A)r2(B)w2(B)

再把 r2(A)与 r1(B)w1(B)交换:

Sc2 = r1(A)w1(A)r1(B)w1(B)r2(A)w2(A)r2(B)w2(B)

Sc2 等价于一个串行调度 T1、T2。所以 Sc1 冲突可串行化的调度。

应该指出的是,冲突可串行化调度是可串行化调度的充分条件,不是必要条件。还有不满足冲突串行化条件的可串行化调度。

例 7-10 有三个事务

T1 = W1(Y)W1(X),T2 = W2(Y)W2(X),T3 = W3(X)

调度 L1 = W1(Y)W1(X)W2(Y)W2(X)W3(X)是一个串行调度。

调度 L2 = W1(Y)W2(Y)W2(X)W1(X)W3(X)不满足冲突可串行化。但是调度 L2 是串行化的,因为 L2 执行的结果与调度 L1 相同,Y 的值等于 T2 的值,X 的值都等于 T3 的值。

前面已经讲到,商用 DBMS 的并发控制一般采用封锁的方法来实现,那么如何使封锁机制能够产生可串行化调度呢?下面介绍的两段锁协议就可以实现可串行化调度。

2. 两段锁协议

为了保证并发调度的正确性,DBMS 的并发控制机制必须提供一定的手段来保证调度室可串行化的。目前 DBMS 普遍采用两段锁协议(Locking Protocol)来实现并发调度的可串行化,从而保证调度的正确性。

两段封锁协议(也称为两阶段锁协议)是指所有事务必须分两个阶段对数据项加锁和解锁。两段封锁协议要求:在对任何数据进行读写之前,事务首先要获得对该数据的 S 或 X 封锁,释放封锁后不能再读、写该数据。在释放第一个封锁之后,事务不再获得任何其他封锁,即事务分为如下两个阶段。

- 生长阶段(也称为扩展阶段):在这个阶段事务获得所有需要的封锁,并且不释放任何封锁;
- 收缩阶段:在这个阶段事务释放全部的锁,并且也不能再获得任何新锁。

首次释放掉一个封锁后,即由生长阶段转入收缩阶段。

若所有事务均遵从两段锁协议,则对这些事务的并发调度一定是可串行化的。反过来,在一个可串行化调度中,不一定所有事务都遵从两段锁协议。因此,所有事务都遵从两段锁协议,是可串行化调度的充分而不是必要条件。

例如,在如图 7.25 所示的例子中,图 7.25(a)和图 7.25(b)都是可串行化的调度。但是图 7.25(a)中的 T1 和 T2 都遵守了两段锁协议,但是图 7.25(b)中的 T1 和 T2 没有遵守两段锁协议,但是它也是可串行化的调度。

并发控制的目标是通过保证事务隔离性,来保证事务并发调度是正确的。理想情况下,事务是完全隔离的,不会发生任何错误,包括丢失修改、读"脏"数据、不可重复读、幻影等等。

但是要达到完全没有错误的这个目标,会增加开销,即需要使用更高级的封锁协议、加更多的锁,这就降低了并发度,事务加的锁越多,阻碍其他事务的可能性就越大。所以在实际的数据库系统中,会允许用户适当降低隔离性的等级,允许出现某些可容忍的错误,来换得性能的提升。

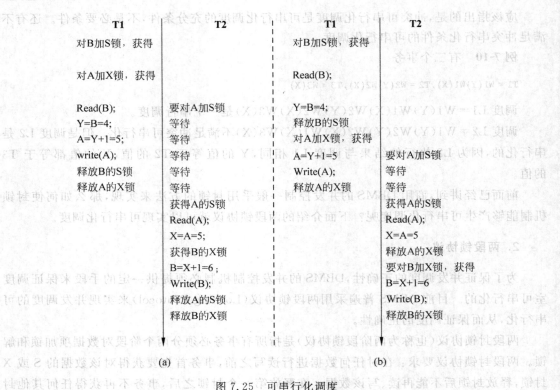

图 7.25 可串行化调度

本章小结

随着计算机特别是计算机网络的发展,数据的共享日益加强,数据的安全保密越来越重要。DBMS 是管理数据的核心,因而其自身必须具有一套完整而有效的安全性机制。

实现数据库系统安全性的技术和方法有多种,重要的是存取控制技术、视图技术和审计技术。

保证数据一致性是对数据库的最基本的要求。事务是数据库的逻辑工作单位,只要 DBMS 能够保证系统中一切事务的原子性、一致性、隔离性和持续性,也就保证了数据库处于一致状态。为了保证事务的原子性、一致性与持续性,DBMS 必须对事务故障、系统故障和介质故障进行恢复。数据库转储和登记日志文件盒数据库镜像的冗余数据来重建数据库。

事务不仅是恢复的基本单位,也是并发控制的基本单位,为了保证事务的隔离性和一致性,DBMS 需要对并发操作进行控制。

数据库的重要特征是它能够为多个用户提供数据共享。数据库管理系统允许共享的用户数目是数据库系统重要标志之一。数据库管理系统必须提供并发控制机制来协调并发用户的并发操作以保证并发事务的隔离性和一致性,进而保证数据库的一致性。

数据库的并发控制以事务为单位,通常使用封锁技术实现并发控制。对数据对象实施封锁,会带来死锁的问题,并发控制机制必须提供适合数据库特点的解决方法。

并发控制机制调度并发事务操作是否正确的判别准则是可串行化，冲突可串行化调度和两段锁协议是可串行化调度的两个充分条件，但不是必要条件。因此，冲突可串行化调度或者两段锁协议可以保证并发事务调度的正确性。

不同的数据库管理系统提供的封锁类型、封锁协议、达到的系统一致性级别不尽相同，但是其依据的基本原理和技术是共同的。

习题 7

一、判断以下问题属于安全性还是完整性的范畴

1. 用户在登录时，用户名或密码输入错误时无法进入系统。
2. 用户删除某条记录时，系统报错，提示说在另一关系中有相同的外码值。
3. 用户输入一条记录时，某个字段没有指定值，系统提示"not allow nulls"。
4. 用户发现自己无法查看某个视图的内容，提示说不具备权限。

二、现有两个关系模式

职工(职工号,姓名,年龄,职务,工资,部门号)
部门(部门号,名称,经理名,地址,电话)

请用 SQL 的 GRANT 和 REVOKE 语句（加上视图机制）完成以下授权定义或存取控制功能。

1. 用户王明对两张表拥有 SELECT 权力。
2. 用户李用对两张表拥有 INSERT 和 DELETE 权力。
3. 用户刘星对职工表拥有 SELECT 权力，对工资列拥有更新权。
4. 用户张新具有修改这两张表的结构的权力。
5. 用户周平拥有两张表的所有权力（读写、插入、修改、删除数据），并拥有为其他用户授权的权力。
6. 用户小兰拥有从每个部门职工中 SELECT 最高工资、最低工资、平均工资的权力，但是不能查看每个人的工资。
7. 撤销小兰对每个部门职工最高工资、最低工资、平均工资查询权力。

三、单项选择题

1. 有关锁的下列说法中，正确的是（　　）。
   A. 一个数据上有两个以上的锁时，肯定都不是 X 锁
   B. S 锁是共享锁，所以可以和 X 锁共存
   C. 写锁又称共享锁
   D. 以上说法都不对

2. 二级封锁协议可以避免的问题不包括（　　）。
   A. 读"脏"数据　　　B. 不可重复读　　　C. 丢失修改　　　D. 以上都不对

3. 并发控制的目的是避免( )。
   A. 发生死锁　　　　B. 数据不安全　　　　C. 数据不一致　　　　D. 系统故障
4. 在写入检查点之前提交的事务,在系统发生故障后,需要( )。
   A. 重做　　　　B. 回滚　　　　C. 不处理　　　　D. 重做或者回滚
5. 事务日志用于保存( )。
   A. 程序运行过程　　　　　　　　　　B. 数据操作
   C. 程序的执行结果　　　　　　　　　D. 对数据的更新操作
6. 下列论断哪个是错误的？( )。
   A. 遵守一级封锁协议不一定遵守两段锁协议
   B. 遵守二级封锁协议不一定遵守两段锁协议
   C. 遵守三级封锁协议不一定遵守两段锁协议
   D. 遵守两段锁协议不一定遵守一级封锁协议
7. 在数据库技术中,未提交的随后又被撤销的数据称为( )。
   A. 错误数据　　　　B. 冗余数据　　　　C. 过期数据　　　　D. 脏数据

四、分析简述题

1. 简述事务并发调度中,有哪些数据不一致性错误,它们是怎么发生的。
2. 假设存款余额 x=1000 元,事务甲取走存款 300 元,事务乙取走存款 200 元,其执行时间如下:

事务甲	时间	事务乙
读 x	T1	
	T2	读 x
更新 x=x-300	T3	
	T4	更新 x=x-200

如何实现这两个事务的并发控制？
3. 登记日志文件时为什么必须先写日志文件,后写数据库？
4. 针对不同的故障,试给出恢复的策略和方法。
5. 什么是日志文件？为什么要设立日志文件？

第 8 章 T-SQL 程序设计与开发

本章主要介绍 T-SQL 程序设计基础、流程控制、游标、存储过程、函数和触发器知识。通过本章的学习,读者应该掌握 T-SQL 编程的基础知识、基本语句;理解游标、存储过程、函数和触发器的基本原理;能够熟练应用游标、存储过程、函数和触发器。

8.1 T-SQL 程序设计基础

SQL 语言是在关系型数据库系统中广泛采用的一种语言形式,是关系型数据库领域中的标准化查询语言。SQL 语言不同于 C、C++、Java 这样的程序设计语言,它只是数据库能识别的指令。例如,在 Java 程序中要得到 SQL Server 数据库表中的记录,可以在 Java 程序中编写 SQL 查询语句,然后发送到数据库中。数据库根据查询 SQL 语句进行查询,再把查询结果返回给 Java 程序。

微软公司在 SQL 语言的基础上对其进行了大幅度的扩充,并将其应用于 SQL Server 服务器技术,从而将 SQL Server 采用的 SQL 语言称为 T-SQL 语言。

8.1.1 变量

变量是用来存储单个特定数据类型数据的对象,它用来在程序运行过程中暂存数据,一个变量一次只能存储一个值。

T-SQL 中可以使用两种变量:局部变量和全局变量。

1. 局部变量

局部变量是用户可自定义的变量,它的作用范围从声明的地方开始到声明变量的批处理或存储过程的结尾。在程序中通常用来存储从表中查询到的数据,或当作程序执行过程中暂存变量使用。

1)局部变量声明

局部变量必须以@开头,而且必须先用 DECLARE 命令声明后才可使用,其说明形式如下:

DECLARE @变量名 变量类型[,@变量名 变量类型…]

在使用 DECLARE 命令声明以后,所有的变量都被赋予初值 NULL。

例 8-1 声明一个 INT 类型的局部变量@成绩。

```
DECALRE  @成绩 INT
```

若要声明多个局部变量,可以定义的第一个变量后使用一个逗号,然后指定下一个变量名称和数据类型。

例 8-2 声明两个局部变量@姓名,@成绩。

```
DECALRE  @姓名 CHAR(10), @成绩 INT
```

2）局部变量赋值

在 T-SQL 中,不能像在一般的程序语言中一样使用"变量＝变量值"的形式给变量赋值,必须使用 SELECT 或 SET 命令设定变量的值。其语法如下:

```
SELECT @变量名 = 变量值
SET @变量名 = 变量值
```

例 8-3 声明两个变量,然后使用 SET 和 SELECT 为已声明的变量赋值。再使用这两个变量查询 Student 表中年龄低于 20 岁,且系为 CS 的学生信息。

```
DECLARE @年龄 INT,@系 CHAR(10)
SET @年龄 = 20
SELECT @系 = 'CS'
SELECT * FROM STUDENT WHERE SAGE <@年龄 AND SDEPT = @系
```

注意：SET 语句一次只能给一个变量赋值,而 SELECT 语句可同时为多个变量赋值。

利用 SELECT 查询语句,可将查询出的结果赋值给变量,并且只能在 SELECT 查询语句的 SELECT 子句的位置为变量赋值,而在其他子句部分则是引用变量。

例 8-4 在 Students 数据库中,将 Student 表中学号为 200515001 学生的姓名和系分别赋值给@姓名和@系变量。

```
DECLARE @姓名 CHAR(10),@系 CHAR(10)
SELECT @姓名 = SNAME,@系 = SDEPT FROM STUDENT WHERE SNO = '200515001'
SELECT @姓名 AS 姓名,@系 AS 系     -- 利用 SELECT 语句显示变量内容
```

2. 全局变量

全局变量是 SQL Server 系统内部使用的变量,其作用范围并不局限于某一程序,而是任何程序均可随时调用。

例 8-5 用全局变量查看 SQL Server 的版本、当前所使用的 SQL Server 服务器的名称以及所使用的服务名称等信息。

```
PRINT '目前所用 SQL Server 的版本信息如下：'
PRINT @@VERSION
PRINT '目前 SQL Server 服务器名称为：' + @@SERVERNAME
PRINT '目前所用服务名称为：' + @@SERVICENAME
```

运行结果如图 8.1 所示。

注意：全局变量只能查看不能修改。

```
目前所用SQL Server的版本信息如下:
Microsoft SQL Server 2008 (RTM) - 10.0.1600.22 (Intel X86)
     Jul  9 2008 14:43:34
     Copyright (c) 1988-2008 Microsoft Corporation
     Developer Edition on Windows NT 6.1 <X86> (Build 2600: Service Pack 3)

目前SQL Server服务器名称为: YL-201301050438
目前所用服务名称  为: MSSQLSERVER
```

图 8.1　运行结果

8.1.2　运算符

运算符是一种符号,用来指定在一个或多个表达式中执行的操作。Microsoft SQL Server 2008 提供了算术运算符、逻辑运算符、赋值运算符、字符串串联运算符、按位运算符、一元运算符和比较运算符。

1. 算术运算符

算术运算符用于两个表达式执行数学运算,表达式均为数值数据类型。加(＋)和减(－)也可用于对 datetime、smalldatetime、money 和 smallmoney 值执行算术运算。

SQL Server 2008 提供的算术运算符如表 8.1 所示。

表 8.1　算术运算符

运算符	含义
＋(加)	加法
－(减)	减法
*(乘)	乘法
/(除)	除法
％(模)	返回一个除法的整数余数。例如,12％5＝2

2. 赋值运算符

赋值运算符只有一个,即＝(等号),用于为字段或变量赋值。

例 8-6　下面的语句先定义一个 int 变量@xyz,然后将其值赋为 123。

```
DECLARE @xyz INT
SET @xyz = 123
```

3. 字符串串联运算符

字符串连接运算是指使用加号(＋)将两个字符串连接成一个字符串,加号作为字符串连接符。例如,'abc'＋'123'结果为'abc123'。

4. 比较运算符

比较运算符用于测试两个表达式是否相等,除了 text、ntext 或 image 数据类型的表达式外,比较运算符还可用于其他所有类型的表达式。比较运算符运算结果为布尔数据

(TRUE 或 FALSE)。

SQL Server 2008 提供的比较运算符如表 8.2 所示。

表 8.2 比较运算符

运算符	含义	运算符	含义
=	等于	<>	不等于
>	大于	!=	不等于(非 SQL-92 标准)
<	小于	!<	不小于(非 SQL-92 标准)
>=	大于等于	!>	不大于(非 SQL-92 标准)
<=	小于等于		

5. 逻辑运算符

逻辑运算符用于对某个条件进行测试,和比较运算符一样,逻辑运算的运算结果为布尔数据(TRUE 或 FALSE)。表 8.3 列出了逻辑运算符及其含义。

表 8.3 逻辑运算符

运算符	含义
AND	如果两个布尔表式都为 TRUE,则结果为 TRUE
NOT	取反,TRUE 取反为 FALSE,FALSE 取反为 TRUE
OR	如果两个布尔表达式中的一个为 TRUE,则结果为 TRUE

6. 按位运算符

按位运算符对两个二进制数据或整数数据进行位操作,但是两个操作数不能同时为二进制数据,必须有一个为整数数据。SQL Server 2008 提供的位运算符如表 8.4 所示。

7. 一元运算符

一元运算符只对一个表达式进行运算,SQL Server 2008 提供的一元运算符如表 8.5 所示。

表 8.4 位运算符

运算符	含义	举例
&	按位与	9&3=1
|	按位或	9|3=1
^	按位异或	9^3=10
~	按位取反	~9=-10

表 8.5 一元运算符

运算符	含义
+(正)	数值为正
-(负)	数据为负
~(位非)	按位取反

如果一个表达式中使用了多种运算符,则运算符的优先顺序决定计算的先后次序。计算时,从左向右计算,先计算优先级高的运算,再计算优先级低的运算。

下面列出了运算符的顺序。

- ~(按位取反)
- *(乘)、/(除)、%(取余)

- +（正）、-（负）、+（加）、+（字符串串联）、-（减）、&（按位与）、^（按位异或）、|（按位或）
- =、>、<、>=、<=、<>、!=、!>、!<（比较运算符）
- NOT
- AND
- =（赋值）

8.1.3 函数

SQL Server 包含多种不同的函数用以完成各种工作，函数是由一个或多个 T-SQL 语句组成的子程序，可用于封装代码以便重复使用。

SQL Server 提供的函数分为两大类：内部函数和用户自定义函数。用户自定义函数将在 8.4.3 节详细介绍。

系统提供的函数称为内置函数，也叫做系统函数，它为用户方便快捷地执行某些操作提供帮助。SQL 所提供的内部函数又分为数学函数、日期和时间函数、字符串函数、数据类型转换函数、聚合函数和其他函数等。下面将介绍这几类常用的函数。

1. 数学函数

数学函数用来对数值型数据进行数学运算。表 8.6 列出了常用的数学函数。

表 8.6 常用的数学函数

函 数 名 称	功 能
ABS（数值型表达式）	返回表达式的绝对值，其值的数据类型与参数一致；例 ABS(-1)，ABS(0)，ABS(1)值分别为 1,0,1
ACOS（float 表达式）	反余弦函数：返回以弧度表示的角度值
ASIN（float 表达式）	反正弦函数：返回以弧度表示的角度值
ATAN（float 表达式）	反正切函数：返回以弧度表示的角度值
CEILING（数值型表达式）	返回最小的大于或等于给定数值型表达式的整数值，值的类型和给定的值相同；例 CEILING(123.45)值为 124
COS（float 表达式）	余弦函数：返回输入表达式的三角余弦值
COT（float 表达式）	余切函数：返回输入表达式的三角余切值
FLOOR（数值型表达式）	返回最大的小于或等于给定数值型表达式的整数值；例 FLOOR(123.45)值为 123
POWER（数值型表达式 1,数值型表达式 2）	此函数用于返回给定表达式乘指定次方的值。乘方运算函数返回值的数据类型与第一个参数的数据类型相同。例如：POWER(2,3)表示 2 的 3 次幂
RAND（整型表达式）	返回一个位于 0 和 1 之间的随机十进制数
ROUND（数值表达式，整数）	将数值四舍五入成整数指定的精度形式；整数为正表示要进行的运算位置在小数点后，为负表示在小数点前
SIGN（数值型表达式）	当数据表达式>0，返回 1，数据表达式等于 0，返回 0，数据表达式<0,返回-1
SIN（float 表达式）	正弦函数：返回输入表达式的三角正弦值
SQUARE（FLOAT 表达式）函数	此函数用于返回给定表达式的平方值，例如，SQUARE(3)的结果为 9.0
TAN（float 表达式）	正切函数：返回输入表达式的三角正切值

例 8-7 ROUND 函数的应用举例：

SELECT ROUND(789.34,1),ROUND(789.34,0)
SELECT ROUND(789.34,-1),ROUND(789.22234,-2)

运行结果如图 8.2 所示。

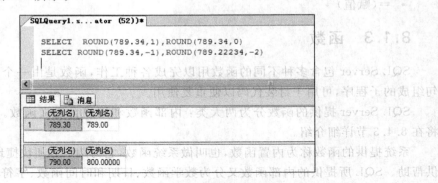

图 8.2 ROUND 函数的运行结果

2. 日期和时间函数

日期和时间函数用来显示日期和时间的信息。表 8.7 列出了所有的日期和时间函数。

表 8.7 日期和时间函数

函 数 名 称	功 能
GETDATE()	返回当前系统日期和时间
DATEADD(datepart,number,date)	datapart 指定对那一部分加，在 date 值上加上 number 参数指定的时间间隔，返回新的 date 值
DATEDIF(datepart，startdate，enddate)	返回跨两个指定日期的日期和时间边界数
DATENAME(datepart，date)	返回代表指定日期的指定日期部分的字符串
DATEPART(datepart，date)	返回代表指定日期的指定日期部分的整数
YEAR(date)	返回表示指定日期中的年份的整数
MONTH(date)	返回代表指定日期月份的整数
DAY(date)	返回代表指定日期的天的日期部分的整数

表 8.8 给出了日期元素及其缩写和取值范围。

表 8.8 日期元素及其缩写和取值范围

日期元素	缩写	取值范围	日期元素	缩写	取值范围
YEAR	YY	1753～9999	HOUR	HH	0～23
MONTH	MM	1～12	MINUTE	MI	0～59
DAY	DD	1～31	QUARTER	QQ	1～4
DAY OF YEAR	DY	1～366	SECOND	SS	0～59
WEEK	WK	0～52	MILLISECOND	MS	0～999
WEEKDAY	DW	1～7			

例 8-8 显示服务器当前系统的日期与时间。

```
SELECT '当前日期' = GETDATE(),
'月' = MONTH(GETDATE()),
'日' = DAY(GETDATE()),
'年' = YEAR(GETDATE())
```

运行结果如图 8.3 所示。

例 8-9 小王的生日为"1992/12/23",使用日期和时间函数计算小王的年龄。

```
SELECT '年龄' = DATEDIFF(yy,'1992/12/23',GETDATE())
```

运行结果如图 8.4 所示。

图 8.3　系统日期和时间

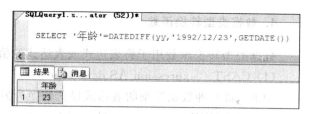

图 8.4　小王的年龄

3. 字符串函数

字符串函数用于对字符串进行连接、截取等操作。表 8.9 列出了常用的字符串函数。

表 8.9　列出了常用的字符串函数

字符串函数	功　能
ASCⅡ(字符表达式)	返回字符表达式最左边字符的 ASCⅡ码
CHAR(整型表达式)	将一个 ASCⅡ码转换为字符,ASCⅡ码的范围为 0~255
SPACE(整型表达式)	返回由 n 个空格组成的字符串,n 是整型表达式的值
LEN(字符表达式)	返回字符表达式的字符(而不是字节)数,不计算尾部的空格
RIGHT(字符表达式,整型表达式)	从字符表达式中返回最右边的 n 个字符,n 是整型表达式的值
LEFT(字符表达式,整型表达式)	从字符表达式中返回最左边的 n 个字符,n 是整型表达式的值
SUBSTRING(字符表达式,起始点,n)	返回字符串表达式中从"起始点"开始的 n 个字符
STR(浮点表达式[,长度[,小数]])	将浮点表达式转换为给定长度的字符串,小数点后的位数由给定的"小数"确定
LTRIM(字符表达式)	去掉字符表达式的前导空格
RTRIM(字符表达式)	去掉字符表达式的尾部空格
LOWER(字符表达式)	将字符表达式的字母转换为小写字母
UPPER(字符表达式)	将字符表达式的字母转换为大写字母
REVERSE(字符表达式)	返回字符表达式的逆序
CHARINDEX(字符表达式 1,字符表达式 2,[开始位置])	返回字符表达式 1 在字符表达式 2 的开始位置,可从所给出的"开始位置"进行查找;如果没指定开始位置,或者指定为负数或 0,则默认从字符表达式 2 的开始位置查找

字符串函数	功能
REPLICATE(字符表达式,整型表达式)	将字符表达式重复多次,整型表达式给出重复的次数
STUFF(字符表达式1,start,length,字符表达式2)	将字符表达式1中从start位置开始的length个字符换成字符表达2
+	将字符串进行连接

例 8-10 给出字符串"信息"在字符串"计算机信息工程系"中的位置。

```
SELECT CHARINDEX('信息','计算机信息工程系')
```

运行结果如图 8.5 所示。

4. 数据类型转换函数

数据类型转换函数用于将表达式或表达式的值从一种类型转换为另一种类型。

(1) CAST (expression AS data_type)

功能:将某种数据类型的表达式显式转换为另一种数据类型。

(2) CONVERT(data_type[(length)], expression [, style])

功能:将表达式的值从一种数据类型转换为另一种数据类型。

例 8-11 请查询每个学生的平均成绩。

```
USE STUDENTS
GO
SELECT SNO + '同学平均成绩为' + CAST(AVG(Grade) AS CHAR(2)) + '分'
FROM SC
GROUP BY Sno
```

查询结果如图 8.6 所示。

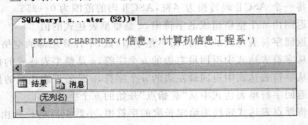

图 8.5 字符串函数

图 8.6 每个学生的平均成绩

5. 聚合函数

聚合函数对一组值进行计算后,向调用者返回单一的值。一般情况下,它经常与 SELECT 语句的 GROUP BY 子句一同使用。表 8.10 列出了常用的字符串函数。

表 8.10　常用的聚合函数

聚 合 函 数	功　　能
COUNT(*)	用于计算所有行数
MIN(数值表达式)	用于计算表达式的最小值
MAX(数值表达式)	用于计算表达式的最大值
SUM(数值表达式)	用于计算表达式的和
AVG(数值表达式)	用于计算表达式的平均值

例 8-12　使用聚合函数统计 Student 数据库中学生的成绩情况。

```
USE STUDENTS
GO
SELECT SNO,COUNT(*) AS 课程门数,MAX(Grade) AS 最高分数,
       MIN(Grade) AS 最低分数,SUM(Grade) AS 总成绩,
       AVG(Grade) AS 平均成绩
FROM SC
GROUP BY SNO
GO
```

查询结果如图 8.7 所示。

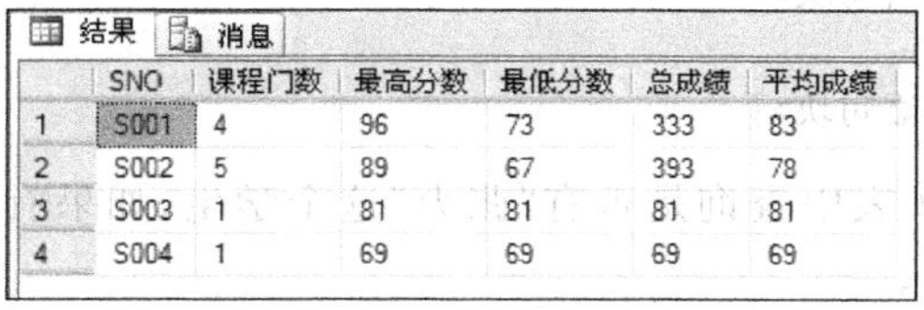

	SNO	课程门数	最高分数	最低分数	总成绩	平均成绩
1	S001	4	96	73	333	83
2	S002	5	89	67	393	78
3	S003	1	81	81	81	81
4	S004	1	69	69	69	69

图 8.7　学生成绩情况

6. 其他函数

(1) ISDATE(表达式)

功能：确定输入表达式的值是否为有效日期，如果是返回 1，否则返回 0。

(2) ISNULL(表达式 1,表达式 2)

功能：判断表达式 1 的值是否为空，如果是，则返回表达式 2 的值；如果不是，则返回表达式 1 的值。使用此函数时，表达式 1 和表达式 2 的类型必须相同。

(3) PRINT(字符串表达式)

功能：将字符串输出给用户。

8.2　流程控制语句

流程控制语句是用来控制程序执行和流程分支的语句，在 SQL Server 2008 中，流程控制语句用来控制 SQL 语句、语句块或者存储过程的执行流程。

T-SQL 语言使用的流程控制命令与常见的程序设计语言类似，主要有以下控制命令。

8.2.1 语句块:BEGIN…END

在控制流程中需要执行两条或两条以上的语句,应该将这些语句定义为一个语句块(称为复合语句)。BEGIN 和 END 必须成对实现。

语法格式:

```
BEGIN
    <SQL 语句>|<语句块>
END
```

8.2.2 条件执行:IF…ELSE 语句

IF…ELSE 语句是条件判断语句,其中,ELSE 子句是可选的,最简单的 IF 语句没有 ELSE 子句部分。IF…ELSE 语句用来判断当某一条件成立时执行某段程序,条件不成立时执行另一段程序。SQL Server 允许嵌套使用 IF…ELSE 语句,而且嵌套层数没有限制。

IF…ELSE 语句的语法形式为

```
IF <布尔表达式>
        <SQL 语句>|<语句块>
[ELSE
        <SQL 语句>|<语句块>]
```

例 8-13 在 Student 表中查询是否有"张力"这个学生,如果有,则显示这个学生的姓名和系,否则显示没有此人。

```
USE STUDENTS
GO
DECLARE @message VARCHAR(20)
IF EXISTS(SELECT * FROM Student WHERE SNAME = '张力')
    SELECT SNAME,SDEPT FROM Student WHERE SNAME = '张力'
ELSE
BEGIN
    SET @message = '没有此人'
    PRINT @message
END
```

运行结果如图 8.8 所示。

例 8-14 在 Sc 表中查询是否有成绩大于 90 分的学生,有则输出有学生的成绩高于 90 分,否则输出没有学生的成绩高于 90 分。

```
USE STUDENTS
GO
DECLARE @message VARCHAR(20)
IF EXISTS(SELECT * FROM SC WHERE GRADE > 90)
    PRINT '有学生的成绩高于 90 分'
ELSE
BEGIN
```

```
        SET @message = '抱歉,没有学生的成绩高于 90 分'
        PRINT @message
    END
```

运行结果如图 8.9 所示。

图 8.8　例 8-13 运行结果

图 8.9　例 8-14 运行结果

8.2.3　多分支 CASE 表达式

CASE 结构提供比 IF…ELSE 结构更多的选择和判断的机会。使用 CASE 表达式可以很方便地实现多重选择的情况,从而可以避免编写多重的 IF…ELSE 嵌套循环。CASE 语句按照使用形式不同,可以分为简单 CASE 语句和搜索 CASE 语句。

1. 简单 CASE 函数

```
CASE <表达式>
    WHEN <表达式> THEN <表达式>
     …
    WHEN <表达式> THEN <表达式>
    [ELSE <表达式>]
END
```

例 8-15　从学生表 Student 中,选取 SNO、SSEX,如果 Ssex 为"男",则输出 M,如果为"女",输出 F。

```
SELECT SNO, SSEX =
    CASE SSEX
        WHEN '男' THEN 'M'
        WHEN '女' THEN 'F'
    END
FROM Student
```

运行结果如图 8.10 所示。

2. CASE 搜索函数

```
CASE
    WHEN <条件表达式> THEN <表达式>
     …
    WHEN <条件表达式> THEN <表达式>
    [ELSE <表达式>]
END
```

例 8-16 从 SC 表中查询所有同学选课成绩情况，凡成绩为空者输出“未考”、小于 60 分输出“不及格”、60 分～70 分输出“及格”、70 分～90 分输出“良好”、大于或等于 90 分时输出“优秀”。

```
SELECT SNO,CNO, GRADE
Grade = CASE
  WHEN GRADE IS NULL THEN '未考'
  WHEN GRADE < 60 THEN '不及格'
  WHEN GRADE > = 60 AND G Grade < 70 THEN '及格' Grade > = 70 AND G Grade < 90 THEN '良好'
  WHEN GRADE = 90 THEN '优秀'
      END
FROM SC
```

运行结果如图 8.11 所示。

	SNO	SSEX
1	S001	F
2	S002	M
3	S004	M
4	S005	M
5	S006	F
6	S007	F
7	S008	M
8	S009	F
9	S010	F

图 8.10 例 8-15 运行结果

	SNO	CNO	GRADE	GRADE
1	S001	C001	96	优秀
2	S001	C002	80	良好
3	S001	C003	84	良好
4	S001	C004	73	良好
5	S002	C001	87	良好
6	S002	C003	89	良好
7	S002	C004	67	及格
8	S002	C005	70	良好
9	S002	C006	80	良好
10	S003	C002	81	良好
11	S004	C001	69	及格

图 8.11 例 8-16 运行结果

8.2.4 循环：WHILE 语句

WHILE 语句用来处理循环。在条件为 TRUE 的时候，重复执行一条或一个包含多条 T-SQL 语句的语句块，直到条件表达式为 FALSE 时退出循环体。

语法如下：

```
WHILE <条件表达式>
  [BEGIN]
    <程序块>
      [BREAK]
    [CONTINUE]
      [程序块]
  [END]
```

说明：CONTINUE 命令可以让程序跳过 CONTINUE 命令之后的语句，回到 WHILE 循环的第一行，继续进行下一次循环。BREAK 命令则让程序完全跳出循环，结束 WHILE 命令的执行。WHILE 语句也可以嵌套。

例 8-17 编程求 1～100 的和。

```
DECLARE @i INT
```

```
DECLARE @sum INT
SET @i = 1
SET @sum = 0
WHILE @i <= 100
BEGIN
    SET @sum = @sum + @i
    SET @i = @i + 1
END
SELECT @sum AS 合计, @i AS 循环数
```

图 8.12 例 8-17 运行结果

运行结果如图 8.12 所示。

例 8-18 假定要给考试成绩提分。提分规则很简单,给没达到 60 分的学生每人都加 2 分,看是否都达到 60 分以上,如果没有全部达到 60 分以上,每人再加 2 分,再看是否都达到 60 分以上,如此反复提分,直到所有人都达到 60 分以上为止。

```
DECLARE @n INT
WHILE(1 = 1)  -- 条件永远成立
   BEGIN
      SELECT @n = COUNT(*) FROM SC
              WHERE Grade < 60  -- 统计没达到分的人数
      IF (@n > 0)
          UPDATE SC  -- 每人加分
             SET Grade = Grade + 2
             WHERE Grade < 60
      ELSE
          BREAK  -- 退出循环
   END
PRINT '加分后的成绩如下:'
SELECT * FROM SC
```

运行结果如图 8.13 所示。

例 8-19 请读下列程序并回答下列程序的功能。

```
DECLARE @i INT
SET @i = 1
WHILE (@i < 11)
   BEGIN
      IF(@i < 5)
      BEGIN
         SET @i = @i + 1
         CONTINUE
      END
      PRINT @i
      SET @i = @i + 1
   END
```

运行结果如图 8.14 所示。

图 8.13　例 8-18 运行结果　　　　　　　图 8.14　例 8-19 运行结果

8.2.5　非条件执行：GOTO 语句

GOTO 语句可以将执行流程改变到由标签指定的位置。系统跳过 GOTO 关键字之后的语句，并在 GOTO 语句中指定的标签处继续执行操作。

语法如下：

GOTO 标识符

例 8-20　求 $1+2+3+\cdots+10$ 的总和。

```
DECLARE @S SMALLINT,@I SMALLINT
SET @I = 1
SET @S = 0
BEG:
IF (@I <= 10)
    BEGIN
        SET @S = @S + @I
        SET @I = @I + 1
        GOTO BEG
    END
PRINT @S
```

运行结果如图 8.15 所示。

图 8.15　例 8-20 运行结果

8.2.6　调度执行：WAIT FOR

该语句可以指定它以后的语句在某个时间间隔之后执行，或未来的某一时间执行。语法如下：

WAITFOR{DELAY 'time'|TIME 'time'}

参数含义：

DELAY　'time' 是指定 SQL Server 等待的时间间隔，最长可达 24 小时。

TIME　'time' 是指定 SQL Server 等待到某一时刻。

例 8-21　若变量"@等待"的值等于"间隔"，查询 Student 表是否在等待 2 分钟后执行，否则在 14:10 执行。

```
DECLARE @等待 CHAR(10)
SET @等待 = '间隔'
IF @等待 = '间隔'
    BEGIN
        WAITFOR DELAY '00:02:00'
        SELECT * FROM Student
    END
ELSE
    BEGIN
        WAITFOR TIME '14:10:00'
        SELECT * FROM Student
    END
```

8.3 游标

前面介绍的数据检索方法可以得到数据库中有关表的数据，但这些数据是作为一个结果集得到的，用户可以把这个结果集保存到一个文件里，或生成一个新表以便以后使用。这种查询是非常重要的。但这种查询形式有一个很大的缺点，它不能对结果集中每一行的数据进行处理。使用游标可以实现对查询结果集中的数据逐行处理。例如，将 Student 表中的系为信息系的第一条记录的系改为数学系。要解决这个问题，使用游标比较合适。

8.3.1 游标的原理及使用方法

1. 游标的定义

游标(cursor)是一种处理数据的方法，为了查看或者处理结果集中的数据，游标提供了在结果集中向前或者向后浏览数据的能力。可以把游标看成一种指针，它既可以指向当前位置，也可以指向结果集中的任意位置，它允许用户对指定位置的数据进行处理，可以把结果集中的数据放在数组、应用程序中或其他地方。

2. 使用游标的步骤

具体地说，使用游标的工作流程有如下步骤：

- 创建游标。使用 T-SQL 语句生成一个结果集，并且定义游标的特征，如游标中的记录是否可以修改。
- 打开游标。
- 从游标的结果集中读取数据。从游标中检索一行或多行数据称为取数据。
- 对游标中的数据逐行操作。
- 关闭和释放游标。

3. 游标的定义及使用过程

1) 声明游标

声明游标是指用 DECLARE 语句声明或创建一个游标。

声明游标的语法如下：

```
DECLARE cursor_name [SCROLL] CURSOR
FOR select_statement
[FOR {READ ONLY|UPDATE[OF column_name_list]}]
```

说明：cursor_name 是游标的名字，为一个合法的 SQL Server 标识符，游标的名字必须遵循 SQL Server 命名规范。

SCROLL 表示取游标时可以使用关键字 NEXT、PRIOR、FIRST、LAST、ABSOLUTE、RELATIVE。每个关键字的含义将在介绍 FETCH 子句时讲解。

select_statement 是定义游标结果集的标准 SELECT 语句，它可以是一个完整语法和语义的 T-SQL 的 SELECT 语句。

2）打开游标

打开游标是指打开已被声明但尚未被打开的游标，打开游标使用 OPEN 语句。

打开游标的语法如下：

```
OPEN cursor_name
```

其中，cursor_name 是一个已声明的尚未打开的游标名。

注意：

（1）当游标打开成功时，游标位置指向结果集的第一行之前。

（2）只能打开已经声明但尚未打开的游标。

3）从打开的游标中提取行

游标被打开后，游标位置位于结果集的第一行前，此时可以从结果集中提取（FETCH）行。SQL Server 将沿着游标结果集向下移动游标位置，不断提取结果集中的数据，并修改和保存游标当前的位置，直到结果集中的行全部被提取。

从打开的游标中提取行的语法如下：

```
FETCH [[NEXT|PRIOR|FIRST|LAST|ABSOLUTE|RELATIVE] FROM] cursor_name [INTO fetch_target_list]
```

其中，cursor_name——一个已声明并已打开的游标名字。

NEXT|PRIOR|FIRST|LAST|ABSOLUTE|RELATIVE——游标移动方向，默认情况下是 NEXT，即向下移动。

NEXT——取下一行数据。

PRIOR——取前一行数据。

FIRST——取第一行数据。

LAST——取最后一行数据。

ABSOLUTE——按绝对位置取数据。

RELATIVE——按相对位置取数据。

游标位置确定了结果集中哪一行可以被提取，如果游标方式为 FOR UPDATE，也就确定该位置一行数据可以被更新或删除。

INTO fetch_target_list——指定存放被提取的列数据的目的变量清单。这个清单中变量的个数、数据类型、顺序必须与定义该游标的 select_statement 的 SELECT_list 中列出的列清单相匹配。为了更灵活地操纵数据,可以把从已声明并已打开的游标结果集中提取的列数据,分别存放在目的变量中。

有两个全局变量提供关于游标活动的信息:

(1) @@FETCH_STATUS 保存着最后 FETCH 语句执行后的状态信息,其值和含义如下:

0——表示成功完成 FETCH 语句。

-1——表示 FETCH 语句执行有错误,或者当前游标位置已在结果集中的最后一行,结果集中不再有数据。

-2——提取的行不存在。

(2) @@rowcount 保存着自游标打开后的第一个 FETCH 语句,直到最近一次的 FETCH 语句为止,已从游标结果集中提取的行数。也就是说,它保存着任何时间点客户机程序看到的已提取的总行数。一旦结果集中所有行都被提取,那么@@rowcount 的值就是该结果集的总行数。每个打开的游标都与一特定的@@rowcount 有关,关闭游标时,该 @@rowcount 变量也被删除。在 FETCH 语句执行后查看这个变量,可得知从游标结果集中已提取的行数。

4) 关闭游标

关闭(close)游标是停止处理定义游标的那个查询。关闭游标并不改变它的定义,可以再次用 open 语句打开它,SQL Server 会用该游标的定义重新创建这个游标的一个结果集。

关闭游标的语法如下:

CLOSE cursor_name

其中,cursor_name 是已被打开并将要被关闭的游标名字。

在如下情况下,SQL Server 会自动地关闭已打开的游标:

(1) 当退出这个 SQL Server 会话时。

(2) 从声明游标的存储过程中返回时。

5) 释放游标

释放(deallocate)游标是指释放所有分配给此游标的资源,包括该游标的名字。

释放游标的语法是:

DEALLOCATE CURSOR cursor_name

其中,cursor_name 是将要被 DEALLOCATE 释放的游标名字。如果释放一个已打开但未被关闭的游标,SQL Server 会自动先关闭这个游标,然后再释放它。

注意:关闭游标与释放游标的区别是,关闭游标并不改变游标的定义,一个游标关闭后,不需要再次声明,就可以重新打开并使用它。但一个游标释放后,就释放了与该游标有关的一切资源,也包括游标的声明,游标释放后就不能再使用该游标了,如需再次使用游标,必须重新定义。

8.3.2 游标应用举例

1. 利用变量输出游标中的字段值

例 8-22 输出 Student 表中第 5 行学生的姓名和系。

```
DECLARE @stu_name VARCHAR(8),@stu_dept VARCHAR(16)
DECLARE stu_coursor SCROLL CURSOR FOR
SELECT Sname,Sdept FROM Student FOR READ ONLY
OPEN stu_coursor
FETCH ABSOLUTE 5 FROM stu_coursor INTO @stu_name,@stu_dept
PRINT '学生姓名:' + @stu_name + ' ' + '系:' + @stu_dept
CLOSE stu_coursor
DEALLOCATE stu_coursor
```

运行结果如图 8.16 所示。

2. 利用游标逐行显示数据库中的记录

例 8-23 定义一个游标，将 Student 表中所有学生的姓名、系显示出来。

```
DECLARE @stu_name VARCHAR(8),@stu_dept VARCHAR(16)
DECLARE stu_coursor SCROLL CURSOR FOR
SELECT Sname,Sdept FROM Student FOR READ ONLY
OPEN stu_coursor
FETCH FROM stu_coursor INTO @stu_name,@stu_dept
WHILE @@FETCH_STATUS = 0
    BEGIN
        PRINT '学生姓名:' + @stu_name + ' ' + '系:' + @stu_dept
        FETCH FROM stu_coursor INTO @stu_name, @stu_dept
    END
CLOSE stu_coursor
DEALLOCATE stu_coursor
```

说明：@@fetch_status 是 Microsoft SQL Server 的一个全局变量。其值有以下 3 种，分别表示 3 种不同含义：

- 0 表示 FETCH 语句成功。
- −1 表示 FETCH 语句失败或此行不在结果集中。
- −2 表示被提取的行不存在。

运行结果如图 8.17 所示。

图 8.16 例 8-22 运行结果   图 8.17 例 8-23 运行结果

3. 使用游标更新数据

用户可以在 UPDATE 或 DELETE 语句中使用游标更新、删除表或视图中的行，但不能用来插入新行。

在 UPDATE 语句中使用游标可以更新表或视图中的行。被更新的行依赖于游标位置的当前值。

更新数据语法形式如下：

```
UPDATE {table_name|view_name} SET [[{table_name.|view_name.}] column_name = { new_value}
[ …n]]
WHERE CURRENT OF cursor_name
```

说明：紧跟 UPDATE 之后的 table_name|view_name 表示要更新的表名或视图名，可以加或不加限定。但它必须是声明该游标的 SELECT 语句中的表名或视图名。

注意：

（1）使用 UPDATE…CURRENT OF 语句一次只能更新当前游标位置确定的那一行，OPEN 语句将游标位置定位在结果集第一行前，可以使用 FETCH 语句把游标位置定位在要被更新的数据行处。

（2）用 UPDATE…WHERE CURRENT OF 语句更新表中的行时，不会移动游标位置，被更新的行可以再次被修改，直到下一个 FETCH 语句的执行。

（3）UPDATE…WHERE CURRENT OF 语句可以更新多表视图或被连接的多表，但只能更新其中一个表的行，即所有被更新的列都来自同一个表。

例 8-24 使用游标将 Student 表中的系为信息系的第一条记录的系改为数学系。

```
DECLARE S_CUR SCROLL CURSOR
FOR SELECT * FROM Student WHERE Sdept = '信息系'
OPEN S_CUR
FETCH FIRST FROM S_CUR
UPDATE Student SET Sdept = '数学系' WHERE CURRENT OF S_CUR
CLOSE S_CUR
DEALLOCATE S_CUR
```

4. 使用游标删除数据

通过在 DELETE 语句中使用游标删除表或视图中的行。被删除的行依赖于游标位置的当前值。

删除数据语法形式如下：

```
DELETE [FROM]
[[database.]owner.]{table_name|view_name}
WHERE CURRENT OF cursor_name
```

说明：

table_name|view_name——为要从其中删除行的表名或视图名，可以加或不加限定。但它必须是定义该游标的 SELECT 语句中的表名或视图名。

cursor_name——为已声明并已打开的游标名。

WHERE CURRENT OF——它使 SQL Server 只删除由指定游标的游标位置当前值确定的行。

例 8-25 使用游标将 Student 表中的第三条记录删除。

```
DECLARE S_DEL SCROLL CURSOR FOR SELECT * FROM Student
OPEN S_DEL
FETCH ABSOLUTE 3 FROM S_DEL
DELETE FROM Student WHERE CURRENT OF S_DEL
CLOSE S_DEL
DEALLOCATE S_DEL
```

8.4 存储过程

前面已经介绍过不少 T-SQL 程序，这些 T-SQL 程序存在两个问题：第一，没法像函数那样传参数运行；第二，没法像函数那样反复地调用。说到这里，大家可以猜到，数据库中应该可以建立函数形式的数据库对象解决这样的问题。这就是下面要介绍的存储过程。

8.4.1 存储过程的创建与执行

1. 存储过程的定义

存储过程(procedure)类似于 C 语言中的函数、Java 中的方法。它可以重复调用。当存储过程执行一次后，可以将语句缓存，这样下次执行的时候直接使用缓存中的语句即可。这样就可以提高存储过程的性能。

存储过程是一组编译在单个执行计划中的 T-SQL 语句，将一些固定的操作集中起来交给 SQL Server 数据库服务器完成，以实现某个任务。

存储过程的优点如下：

（1）与其他应用程序共享应用程序逻辑，因而确保了数据访问和修改的一致性。
（2）防止数据库中表的细节暴露给用户。
（3）提供安全机制。
（4）改进性能。
（5）减少网络流量。

2. 存储过程的分类

1) 用户定义的存储过程

用户定义的 T-SQL 存储过程中包含一组 T-SQL 语句集合，可以接收和返回用户提供的参数。

2) 扩展存储过程

扩展存储过程是指 Microsoft SQL Server 的实例可以动态加载和运行的 DLL，是由用户使用编程语言（例如 C 语言）创建的自己的外部例程，扩展存储过程一般使用 sp_或 xp_为前缀。

3）系统存储过程

由系统提供的存储过程，可以作为命令执行各种操作。系统存储过程定义在系统数据库 master 中，其前缀是 sp_，例如，常用的显示系统信息的 sp_help 存储过程。

3. 如何创建存储过程

1）创建和执行简单存储过程

创建简单的存储过程的语法如下：

```
CREATE PROC[EDURE] 存储过程名
[WITH ENCRYPTION]
[WITH RECOMPILE]
AS
              SQL 语句
```

说明：

[WITH ENCRYPTION]——对存储过程进行加密，加密的存储过程用 sp_helptext 查看不到存储过程的原码。

[WITH RECOMPILE]——对存储过程重新编译。

执行存储过程的语法如下：

```
EXEC 存储过程名
```

例 8-26 创建一个名为 GetInfo 存储过程，用于获取所有学生信息。

```
CREATE PROCEDURE GetInfo
AS
SELECT * FROMStudent
```

执行存储过程

```
EXEC GetInfo
```

执行完毕的结果如图 8.18 所示。

	sno	sname	ssex	sage	sdept
1	S001	赵菁菁	女	23	计算机系
2	S002	李勇	男	20	计算机系
3	S004	张衡	男	18	数学系
4	S005	张向东	男	20	信息系
5	S006	张向丽	女	20	信息系
6	S007	王芳	女	20	计算机系
7	S008	王民生	男	25	数学系
8	S009	王小民	女	18	数学系
9	S010	李晨	女	22	数学系

图 8.18 执行存储过程结果

2）带参数的存储过程

例 8-26 中的存储过程可以获取所有学生信息，如果要获取指定学生的信息，应怎么做？这里就需要创建带参数的存储过程。

存储过程的参数分两种：输入参数和输出参数。输入参数用于向存储过程传入值，类似 C 语言的按值传递；输出参数用于在调用存储过程后返回结果，类似 C 语言的按引用传递。

带参数的存储过程的语法如下：

```
CREATE PROC[EDURE] 存储过程名
            @参数 1 数据类型 = 默认值[OUTPUT],
            … ,
```

```
            @参数 n 数据类型 = 默认值 [OUTPUT]
            AS
            SQL 语句
```

例 8-27 创建一个带输入参数的存储过程,要求用于获取指定学生的信息。

```
CREATE PROCEDURE StuInfo
@name CHAR(10)
AS
    SELECT * FROM Student WHERE Sname = @name
```

执行存储过程

```
EXEC StuInfo @name = '李晨'
```

或按位置传递参数值

```
EXEC StuInfo '李晨'
```

执行完毕的结果如图 8.19 所示。

例 8-28 创建一个带输入和输出参数的存储过程 GetScore,获取指定课程的平均成绩、最高成绩和最低成绩,并返回结果。

```
CREATE PROCEDURE GetScore
@kcID CHAR(10),@AVGScore INT OUTPUT,
@MAXScore INT OUTPUT,@MINScore INT OUTPUT
AS
SELECT @AVGScore = AVG(Grade),@MAXScore = MAX(Grade),@MINScore = MIN(Grade)
    FROM SC
    WHERE Cno = @kcID
    SELECT @AVGScore as 平均成绩,@MAXScore as 最高成绩,@MINScore as 最低成绩
```

执行存储过程:

```
DECLARE @kcID CHAR(10),@AVGScore INT,@MAXScore INT,@MINScore INT
SET @kcID = 'C001'
EXEC GetScore @kcID,@AVGScore,@MAXScore,@MINScore
```

执行完毕的结果如图 8.20 所示。

图 8.19 执行存储过程结果   图 8.20 执行存储过程结果

8.4.2 存储过程的管理与维护

1. 查看存储过程

在 SQL Server 中,根据不同需要,可以使用 sp_helptext、sp_help、sp_depends 系统存储过程查看用户自定义函数的不同信息。

例 8-29 查看 STUDENTS 数据库中存储过程 GetInfo 信息。

代码如下：

```
EXEC sp_helptext GetInfo
EXEC sp_help GetInfo
EXEC sp_depends GetInfo
```

运行后得到存储过程的定义、参数和依赖信息。

2. 存储过程的重编译

存储过程所采用的执行计划，只在编译时优化生成，以后便驻留在高速缓存中。当用户对数据库新增了索引或其他影响数据库逻辑结构的更改后，已编译的存储过程执行计划可能会失去效率。通过对存储过程进行重新编译，可以重新优化存储过程的执行计划。

SQL Server 为用户提供了 3 种重新编译的方法。

1）在创建存储过程时设定

在创建存储过程时，使用 WITH RECOMPILE 子句时，SQL Server 不将该存储过程的查询计划保存在缓存中，而是在每次运行时重新编译和优化，并创建新的执行计划。

2）在执行存储过程时设定

通过在执行存储过程时设定重新编译，可以让 SQL Server 在执行存储过程时重新编译该存储过程，这一次执行完成后，新的执行计划又被保存在缓存中。这样用户就可以根据需要进行重新编译。

```
EXECUTE stu_cj1 WITH RECOMPILE
```

3）通过系统存储过程设定重编译

通过系统存储过程 sp_recompile 设定重新编译标记，使存储过程在下次运行时重新编译。

语法格式如下：

```
EXECUTE sp_recompile 数据库对象
```

3. 存储过程的修改

修改存储过程是由 ALTER 语句完成的，语法如下：

```
ALTER PROCEDURE procedure_name
[WITH ENCRYPTION]
[WITH RECOMPILE]
AS
Sql_statement
```

例 8-30 修改存储过程 StuInfo，根据用户提供的系名进行统计这个系的人数，并要求加密。

```
ALTER PROCEDURE StuInfo
@dept CHAR(10),
@num INT OUTPUT
```

```
WITH ENCRYPTION
AS
    SELECT @num = COUNT( * ) FROM Student WHERE Sdept = @dept
    PRINT @num
```

执行存储过程:

```
DECLARE @dept CHAR(10),@num INT
SET @dept = 'CS'
EXEC StuInfo @dept,@num
```

4. 存储过程的删除

存储过程的删除是通过 DROP 语句实现的。

例 8-31　使用 T-SQL 语句删除存储过程 StuInfo。

```
DROP PROCEDURE StuInfo
```

8.4.3　用户自定义函数

在 SQL Server 中,用户不仅可以使用标准的内置函数,也可以使用自己定义的函数实现一些特殊的功能。用户自定义函数可以在企业管理器中创建,也可以使用 CREATE FUNCTION 语句创建。在创建时需要注意:函数名在数据库中必须唯一,它可以有参数,也可以没有参数,其参数只能是输入参数,最多可以有 1024 个参数。

1. 创建用户自定义函数

SQL Server 2008 支持用户自定义函数分为 3 种,分别是标量用户自定义函数、内联表值用户定义函数和多语句表值用户自定义函数。

1) 创建标量用户自定义函数

用户自定义标量函数返回在 RETURNS 子句中定义的类型的单个数据值。

语法格式:

```
CREATE FUNCTION 函数名称([{@参数名称 参数类型[ = 默认值]}[,n]])
RETURN 数据类型
AS
BEGIN
函数体
RETURN 标量表达式
END
```

例 8-32　在 STUDENT 库中创建一个用户自定义函数 Fun1,该函数通过输入成绩判断是否取得学分,当成绩大于等于 50 时,返回取得学分;否则,返回未取得学分。

- 创建函数 Fun1。

```
CREATE FUNCTION Fun1(@inputxf int) RETURNS nvarchar(10)
    BEGIN
        declare @retrunstr nvarchar(10)
```

```
        If @inputxf >= 50
            set @retrunstr = '取得学分'
        else
            set @retrunstr = '未取得学分'
            return @retrunstr
    END
```

- 使用 Fun1 函数。

```
SELECT SNO,GRADE,DBO.Fun1(GRADE) AS 学分情况
FROM SC WHERE CNO = 'C001'
```

运行结果如图 8.21 所示。

2）创建内联表值函数

用户定义函数不仅返回单个数据值,而且还可以返回单个表,对内联表值用户定义函数而言,返回的结果只是一系列表值,没有明确的函数体。该表是 SELECT 语句的结果集。

图 8.21 课程号为 C001 的学生学分情况

例 8-33 在 STUDENT 库中创建一个内联表值函数 Fun_info,该函数可以根据输入的系部代码返回该系学生的基本信息。

内联表值函数语法如下：

```
CREATE FUNCTION 名称
([{@参数名称 参数类型[ = 默认值]}[,n]])
RETURNS TABLE
AS
RETURN SELECT 语句
```

说明：

- RETURNS 子句只包含关键字 TABLE。不必定义返回变量的格式,因为它由 RETURN 子句中的 SELECT 语句的结果集的格式设置。
- 函数体不用 BEGIN 和 END 分隔。
- RETURN 子句在括号中包含单个 SELECT 语句。SELECT 语句的结果集构成函数所返回的表。
- 表值函数只接受常量或@local_variable 参数。

例 8-34 在 Student 数据库中创建一个内联表值函数 Fun_info,该函数可以根据所在系返回学生的学号、姓名。

- 创建 Fun_info 函数。

```
CREATE FUNCTION Fun_info(@Deptno NVARCHAR(4)) RETURNS TABLE
AS
RETURN (SELECT SNO,SNAME FROM Student WHERE Sdept = @Deptno)
```

- 使用 Fun_info 函数。

建立好该内联表值函数后,就可以像使用表或视图一样使用它：

```
SELECT * FROM DBO.Fun_info('数学系')
```

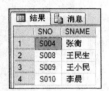

图 8.22 数学系的学生信息

运行结果如图 8.22 所示。

3) 创建多语句表值用户自定义函数

如果表值函数的函数体含有多个语句,则称为多语句表值函数。对于多语句表值函数,在 BEGIN…END 语句块中定义的函数体包含一系列 SQL 语句,这些语句可生成行并将其插入返回的表中。

多语句表值函数的语法如下:

```
CREATE FUNCTION 名称
([{@参数名称 参数类型[ = 默认值]}[,n]])
RETURNS @局部变量 TABLE < table_type_definition >
AS
BEGIN
    函数体
    RETURN
END
```

说明:@局部变量是指一个 TABLE 类型的变量,用于存储和累积返回的表中的数据行。

例 8-35 在 STUDENT 库中创建一个多语句表值函数 Fun_score,该函数可以根据输入的课程名称返回选修该课程的学生姓名和成绩。

(1) 创建 Fun_score 函数。

```
CREATE FUNCTION Fun_score(@Cno as char(10))
RETURNS @chji TABLE
(
    课程名 CHAR(10),
    姓名 CHAR(10),
    成绩 INT
)
AS
BEGIN
    INSERT @chji
    SELECT C.CNAME, A.SNAME ,B.GRADE
    FROM STUDENT as A INNER JOIN SC as B
    ON A.SNO = B.SNO INNER JOIN COURSE as C
    ON C.CNO = B.CNO
    WHERE C.CNAME = @Cno
    RETURN
END
```

(2) 使用 Fun_score 函数。

```
SELECT * FROM DBO.Fun_score('高等数学')
```

运行结果如图 8.23 所示。

图 8.23 多语句表值函数运行结果

2. 函数管理

1) 查看用户自定义函数

在 SQL Server 中，根据不同需要，可以使用 sp_helptext、sp_help 等系统存储过程来查看用户自定义函数的不同信息。每个系统存储过程的具体作用和语法如下。

使用 sp_helptext 查看用户定义函数的文本信息，其语法格式为

sp_helptext 用户自定义函数名

使用 sp_help 查看用户自定义函数的一般信息，其语法格式为

sp_help 用户自定义函数名

例 8-36 使用有关系统过程查看在 STUDENT 数据库中名为 Fun_score 的用户自定义函数的文本信息。其程序代码如下：

```
USE STUDENT
GO
EXEC SP_HELPTEXT Fun_score
    GO
```

2) 修改用户自定义函数

使用 SQL 命令修改用户自定义函数，使用 ALTER FUNCTION 命令可以修改用户自定义函数。修改由 CREATE FUNCTION 语句创建的现有用户定义函数，不会更改权限，也不影响相关的函数、存储过程或触发器。其语法格式如下：

```
ALTER FUNCTION [ owner_name.] function_name
    ( [ { @parameter_name [AS] scalar_parameter_data_type [ = default ] } [ ,…n ] ] )
RETURNS scalar_return_data_type
[ AS ]
BEGIN
    function_body
    RETURN scalar_expression
END
```

其中的参数与建立用户自定义函数中的参数含义相同。

3) 删除用户自定义函数

使用 DROP 命令可以一次删除多个用户自定义函数，其语法格式为

```
DROP FUNCTION [所有者名称.]函数名称[,N…]
```

8.5 触发器

前面已经介绍过表、视图、存储过程以及函数的创建。一般而言，创建这些对象后，需要配置一些对应的操作。例如，执行 SELECT 语句查询数据，执行 EXEC 命令执行存储过程等。SQL 也支持自动执行的对象，对数据的更改做出反应，即使用触发器。

如要求当从学生表中删除一个学生的记录时，相应地，应从成绩表中删除该学生对应的

所有成绩。解决该问题,可以使用触发器。

8.5.1 触发器的基本概念

1. 触发器的简介

触发器是一类特殊的存储过程,它是在执行某些特定的 T-SQL 语句时可以自动执行的一种存储过程。

触发器具有如下特点:

(1) 约束和触发器在特殊情况下各有优势。触发器的主要优点在于它可以包含使用 T-SQL 代码的复杂处理逻辑。因此,触发器可以支持约束的所有功能,但它在所给的功能上并不一定是最好的方法。

(2) 约束只能通过标准的系统错误信息传递错误信息。如果应用程序需要使用自定义信息和较为复杂的错误处理,则必须使用触发器。

(3) 触发器可以实现比 CHECK 约束更为复杂的约束。与 CHECK 约束不同,CHECK 约束只能根据逻辑表达式或同一表中的另一列来验证列值,而触发器可以引用其他表中的列。例如,在触发器中可以参照另一个表中某列的值,以确定是否插入或更新数据,或者是否执行其他操作。

(4) 触发器可通过数据库中的相关表实现级联更改,不过,通过级联引用完整性约束可以更有效地执行这些更改。

(5) 如果触发器表上存在约束,则在 INSTEAD OF 触发器执行后但在 AFTER 触发器执行前检查这些约束。如果约束被破坏,则回滚 INSTEAD OF 触发器操作,并且不执行 AFTER 触发器。

2. 触发器两种特殊的表: INSERTED 表和 DELETED 表

在创建触发器时,可以使用两个特殊的临时表: INSERTED 表和 DELETED 表,这两个表都存在于内存中。可以使用这两个临时表测试某些数据修改的效果以及设置触发器操作的条件,但不能直接对表中的数据进行更改。

INSERTED 表中存储着被 INSERT 和 UPDATE 语句影响的新的数据行。在执行 INSERT 或 UPDATE 语句时,新的数据行被添加到基本表中,同时这些数据行的备份被复制到 INSERTED 临时表中。

DELETED 表中存储着被 DELETE 和 UPDATE 语句影响的旧数据行。在执行 DELETE 或 UPDATE 语句时,指定的数据行从基本表中删除,然后被转移到了 DELETED 表中。在基本表和 DELETED 表中一般不会存在相同的数据行。

8.5.2 创建触发器

利用 T-SQL 语句创建触发器的基本语法如下:

```
CREATE TRIGGER trigger_name
ON {table|view}
{FOR | AFTER | INSTEAD OF }
```

```
{[INSERT], [UPDATE], [DELETE]}
[WITH ENCRYPTION]
AS
[IF UPDATE (cotumn_name)
[{AND| OR} UPDATE(cotumn_name)…]
Sql_statements
```

各参数的含义如下:

- trigger_name——是触发器的名称,用户可以选择是否指定触发器所有者。
- table|view——是执行触发器的表或视图,可以选择是否指定表或视图所有者的名称。
- AFTER——是指在对表的相关操作正常执行后,触发器被触发,如果仅指定 FOR 关键字,则 AFTER 是默认设置。
- INSTEAD OF——指定执行触发器而不是执行触发语句,从而替代触发语句的操作,可以为表或视图中的每个 INSERT、UPDATE 或 DELETE 语句定义一个 INSTEAD OF 触发器。如果在定义一个可更新的视图时,使用了 WITH CHECK OPTION 选项,则 INSTEAD OF 触发器不允许在这个视图上定义。用户必须用 ALTER VIEW 删除选项后,才能定义 INSTEAD OF 触发器。
- [INSERT],[UPDATE],[DELETE]——是指在表或视图上执行哪些数据修改语句时激活触发器的关键字。这其中必须至少指定一个选项。在触发器定义中允许使用以任意顺序组合的关键字,如果指定的选项多于一个,需要用逗号分隔。对于 INSTEAD OF 触发器,不允许在具有 ON DELETE 级联操作引用关系的表上使用 UPDATE 选项。
- ENCRYPTION——是加密含有 CREATE TRIGGER 语句正文文本的 syscomments 项,这是为了满足数据安全的需要。
- Sql_statements——定义触发器被触发后,将执行数据库操作。它指定触发器执行的条件和动作。触发器条件是除引起触发器执行的操作外的附加条件;触发器动作是指当前用户执行激发器的某种操作并满足触发器的附件条件时,触发器所执行的动作。
- IF UPDATE——指定对表内某列进行增加或修改内容时,触发器才起作用,它可以指定两个以上列,列名前可以不加表名。在 IF 子句中,多个触发器可以放在 BEGIN 和 END 之间。

1. INSERT 触发器

例 8-37 在数据库 STUDENT 中创建一触发器,当向 SC 表插入一记录时,检查该记录的学号在 Student 表中是否存在,检查课程号在 Course 表中是否存在,若有一项不存在,则不允许插入。

实例代码如下:

```
CREATE TRIGGER check_trig
ON SC
FOR INSERT
```

```
AS
IFEXISTS(SELECT * FROM  INSERTED A
         WHERE A.Sno NOT  IN (SELECT B.Sno FROM Student B)
         OR A.Cno NOT  IN(SELECT C.Cno FROM Course C))
BEGIN
  RAISERROR('违背数据的一致性',16,1)
  ROLLBACK  TRANSACTION
END
```

当用户向 SC 表中插入数据时将触发触发器，如向表中插入如下数据：

```
INSERT INTO SC VALUES('123','5',67)
```

运行结果如图 8.24 所示。

```
消息
消息 50000，级别 16，状态 1，过程 check_trig，第 1 行
违背数据的一致性
消息 3609，级别 16，状态 1，第 1 行
事务在触发器中结束。批处理已中止。
```

图 8.24　例 8-37 运行结果

例 8-38　不允许对 Student 表进行插入操作。

代码如下：

```
CREATE TRIGGER Tri_insert
ON Student
INSTEAD OF INSERT
AS
PRINT '不允许对表进行插入操作'
```

当用户向 Student 表中插入数据时将触发触发器，如向表中插入如下数据：

```
INSERT INTO Student VALUES('200515056','张红','女',21,'CS')
```

运行结果如图 8.25 所示。

```
消息
不允许对表进行插入操作

(1 行受影响)
```

图 8.25　例 8-38 运行结果

2. UPDATE 触发器

例 8-39　在数据库的 SC 表上创建一个触发器，若对学号列和课程号列修改，则给出提示信息，并取消修改操作。

代码如下：

```
CREATE TRIGGER Tri_update
ON SC
FOR UPDATE
```

```
AS
IF UPDATE(Sno) OR UPDATE(Cno)
BEGIN
    RAISERROR('学号或课程号不能进行修改!',7,2)
    ROLLBACK TRANSACTION
     END
```

当用户向 SC 表中修改数据时将触发触发器,如向表中修改如下数据:

```
UPDATE SC
SET Sno = 'S123'
WHERE Sno = 'S001'
```

运行结果如图 8.26 所示。

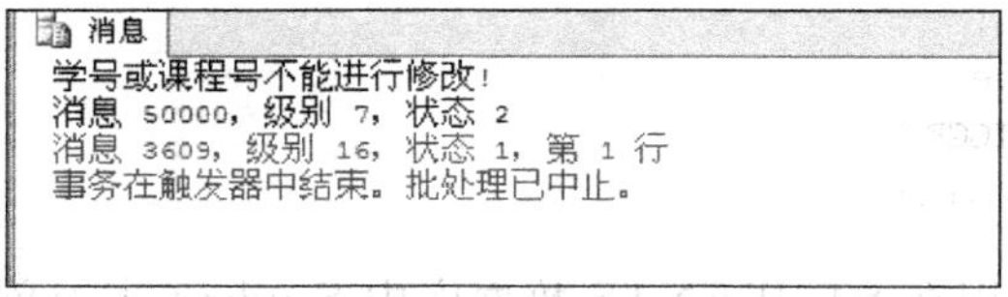

图 8.26　向 SC 修改数据时运行结果

3. DELETE 触发器

例 8-40　当从 Student 表中删除一个学生的记录时,相应地应从 SC 表中删除该学生对应的所有记录。

代码如下:

```
CREATE TRIGGER Tri_del
ON Student
AFTER DELETE
AS
DELETE FROM SC WHERE Sno = (SELECT Sno FROM DELETED)
```

在触发器建立后,在查询窗口运行如下命令:

```
DELETE FROM Student WHERE Sname = '李勇'
```

激活 Tri_del 触发器,在 SC 表中删除"李勇"对应的所有的成绩。

8.5.3　管理触发器

1. 修改触发器

修改触发器的语法如下:

```
ALTER TRIGGER trigger_name
ON {table|view}
{FOR | AFTER | INSTEAD OF }
{[INSERT], [UPDATE], [DELETE]}
[WITH ENCRYPTION]
```

```
AS
[IF UPDATE (cotumn_name)]
[{AND|OR} UPDATE(cotumn_name)…]
Sql_statements
```

说明:各参数的含义与建立触发器语句中的参数的含义相同。

2. 删除触发器

使用 DROP TRIGGER ＜触发器名＞命令,即可删除触发器。

3. 禁止和启用触发器

禁止和启用触发器的具体语法如下:

```
ALTER TABLE table_name
{ENABLE | DISABLE}TRIGGER
{ALL |trigger_name[,…n]}
```

例 8-41　禁止或启用在 STUDENTS 数据库中 Student 表上创建的所有触发器。

```
ALTER TABLE Student DISABLE TRIGGER ALL
ALTER TABLE Student ENABLE TRIGGER ALL
```

本章小结

本章从基础的 T-SQL 的语法入手,由浅入深地讲解存储过程、游标、函数和触发器等知识。

由于存储过程在创建时即在数据库服务器上进行了编译并存储在数据库中,所以存储过程的运行速度比单个的 SQL 语句块要快。同时由于在调用时只需用提供存储过程名和必要的参数信息,所以在一定程度上也可以减少网络流量、简单网络负担。触发器是一种特殊类型的存储过程,触发器主要是通过事件触发而自动调用执行的,而存储过程可以通过存储过程的名称被调用。

在数据库中,游标是一个十分重要的概念。游标提供了一种对从表中检索出的数据进行操作的灵活手段,就本质而言,游标实际上是一种能从包括多条数据记录的结果集中每次提取一条记录的机制。

习题 8

一、选择题

1. 在 WHILE 循环语句中,如果循环体语句条数多于一条,必须使用(　　)。
   A. BEGIN…END　　B. CASE…END　　C. IF…THEN　　D. GOTO
2. T-SQL 语言的字符串常量都要包含在(　　)内。
   A. 单引号　　　　B. 双引号　　　　C. 书名号　　　　D. 中括号

3. 以下哪一个不是逻辑运算符？（　　）
   A. NOT　　　　B. AND　　　　C. OR　　　　D. IN
4. 以下（　　）是用来创建一个触发器。
   A. CREATE PROCEDURE　　　　B. CREATE TRIGGER
   C. DROP PROCEDURE　　　　　D. DROP TRIGGER
5. 关于存储过程的说法错误的是（　　）。
   A. 不可以重复使用　　　　　　B. 减少网络流量
   C. 安全性高　　　　　　　　　D. 以提高系统性能
6. 如果一个游标不再使用，可以使用哪一个命令释放游标所占用的资源（　　）。
   A. CLOSE　　　　　　　　　　B. DELETE
   C. FETCH　　　　　　　　　　D. DEALLOCATE
7. 触发器创建在（　　）中。
   A. 表　　　　B. 视图　　　　C. 数据库　　　　D. 查询
8. 要删除一个名为 AA 的存储过程，应用命令（　　）procedure AA。
   A. delete　　　B. alter　　　C. drop　　　D. execute
9. 当删除（　　）时，与它关联的触发器也同时被删除。
   A. 视图　　　　B. 临时表　　　　C. 过程　　　　D. 表
10. 触发器可引用视图或临时表，并产生两个特殊的表是（　　）。
    A. deleted、inserted　　　　B. delete、insert
    C. view、table　　　　　　　D. view1、table1

二、简答题

1. 试述什么是存储过程。触发器、存储过程和触发器有什么不同？
2. 当一个表同时具有约束和触发器时，如何执行？
3. 如果触发器执行 ROLLBACK TRANSACTION 语句后，引起触发器触发的操作语句是否还会有效？

三、在图书馆数据库中，编写如下程序

1. 在图书馆数据库中，定义一个游标，将所有读者号，读者姓名，书名和借出日期信息显示出来。
2. 创建一个存储过程，该存储过程能根据给定的读者号返回该读者的借阅情况（读者号，读者姓名，书名，借出日期和归还日期）。
3. 创建一个带输入和输出参数的存储过程，该存储过程根据给定的读者号获取该读者总的借阅书的本数，并返回结果。
4. 在图书馆数据库中，创建一个用户自定义函数，返回特定出版社所出书的总册数。
5. 创建一触发器，如对借阅表中的借出日期进行修改，给出提示，并取消操作。
6. 创建一触发器，当在读者表中删除一个读者的记录时，将触发该触发器，在触发器中判断该读者是否有没还的书，如果有书没有还，它将激发一个例外，把无法删除的信息返回用户。

第9章 SQL Server 2008编程应用实例

9.1 数据库应用结构

数据库应用结构是指数据库运行的软硬件环境。通过这个环境，用户可以访问数据库中的数据。不同的数据库管理系统可以具有不同的应用结构。本章将介绍现阶段两种最常见的应用结构：客户/服务器(C/S)结构和浏览器/服务器(B/S)结构。

9.1.1 客户/服务器结构

最简单的 C/S 体系结构的数据库应用由两部分组成，即客户应用程序和数据库服务器程序，如图 9.1 所示。二者可分别称为前台程序与后台程序。运行数据库服务器程序的机器，也称为应用服务器。一旦服务器程序被启动，就随时等待响应客户程序发来的请求；客户应用程序运行在用户自己的计算机上，对应于数据库服务器，可称为客户计算机，当需要对数据库中的数据进行任何操作时，客户程序就自动地寻找服务器程序，并向其发出请求，服务器程序根据预定的规则作出应答，送回结果。

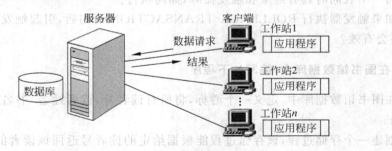

图 9.1 客户/服务器(C/S)结构

目前，常用的数据库管理系统都支持客服/服务器结构，如微软公司的 SQL Server、Sybase、Oracle、DB2。

该结构的优点是应用服务器运行数据负荷较轻，数据的储存管理功能较为透明；缺点是，由于所有的应用处理都要在客户端完成，客户端需要安装专用的客户端软件，其维护和升级成本非常高。对客户端的操作系统一般也会有限制，C/S 结构的软件需要针对不同的操作系统开发不同版本的软件。

9.1.2 浏览器/服务器结构

B/S结构(Browser/Server,浏览器/服务器模式),是Web兴起后的一种网络结构模式,Web浏览器是客户端最主要的应用软件。这种模式统一了客户端,将系统功能实现的核心部分集中到服务器上,简化了系统的开发、维护和使用。客户机上只要安装一个浏览器,如Netscape Navigator或Internet Explorer,服务器安装SQL Server、Oracle、MySQL等数据库,浏览器通过Web Server与数据库进行数据交互。其具体的过程是:用户向Web服务器发出数据请求,Web服务器收到请求后,按照特定的方式将请求发送给数据库服务器,数据库服务器执行这些请求并将执行后的结果返回给Web服务器,Web服务器再将这些结果按页面的方式返回给客户浏览器。最后,查询结果通过浏览器显示,如图9.2所示。

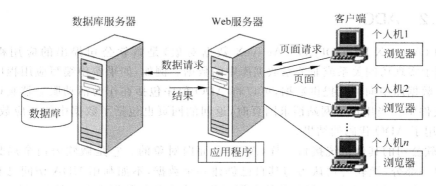

图9.2 浏览器/服务器(B/S)结构

浏览器/服务器结构的最终用户应用软件的安装和维护都非常简单,客户端不再需要安装、配置应用软件的工作。这些工作只需在Web服务器上完成,从而减少客户端与服务器端软件配置的不一致以及不同版本应用软件所带来的问题。

9.2 数据访问接口

数据库应用程序的设计由两部分组成:数据库设计和界面设计,数据库是应用程序的数据源,而界面是应用程序的用户与数据交互的载体,因此要完成一个应用系统的设计,首先要根据用户需求设计好数据库(称为后台或数据层)和应用程序界面(称为前台或表示层),再采用好的数据库访问技术,实现前台与后台交互访问,从而完成整个应用程序的设计。

9.2.1 ODBC

ODBC(Open Database Connectivity,开放数据库互连)是微软公司开放服务结构(Windows Open Services Architecture,WOSA)中有关数据库的一个组成部分,它建立了一组规范,并提供了一组对数据库访问的标准API(应用程序编程接口)。这些API利用SQL完成其大部分任务。ODBC本身也提供了对SQL语言的支持,用户可以直接将SQL语句送给ODBC。

一个基于ODBC的应用程序对数据库的操作不依赖任何DBMS,不直接与DBMS打交道，所有的数据库操作由对应的 DBMS 的 ODBC 驱动程序完成。也就是说，不论是 FoxPro、Access 还是 Oracle 数据库，均可用 ODBC API 进行访问。由此可见，ODBC 的最大优点是能以统一的方式处理所有的数据库。

一个完整的 ODBC 由下列部件组成：

应用程序（Application）。应用程序对外提供使用者交谈界面，同时对内执行资料之准备工作数据库系统所传回来的结果在显示给使用者看。

ODBC 管理器（Administrator）。该程序位于 Windows 95 控制面板（Control Panel）的 32 位 ODBC 内，其主要任务是管理安装的 ODBC 驱动程序和管理数据源。

驱动程序管理器（Driver Manager）。驱动程序管理器包含在 ODBC32.DLL 中，对用户是透明的。其任务是管理 ODBC 驱动程序，是 ODBC 中最重要的部件。

9.2.2 ADO

ADO（ActiveX Data Objects，ActiveX 数据对象）是微软公司提出的应用程序接口（API），用于实现访问关系或非关系数据库中的数据。例如，如果希望编写应用程序从 DB2 或 Oracle 数据库中向网页提供数据，可以将 ADO 程序包括在作为活动服务器页（ASP）的 HTML 文件中。当用户从网站请求网页时，返回的网页也包括了数据中的相应数据，这些是由于使用了 ADO 代码的结果。

与微软公司的其他系统接口一样，ADO 是面向对象的。它是微软公司全局数据访问（UDA）的一部分，微软公司认为与其自己创建一个数据，不如利用 UDA 访问已有的数据库。为达到这一目的，微软公司和其他数据库公司在它们的数据库和微软公司的 OLE 数据库之间提供了一个"桥"程序，OLE 数据库已经在使用 ADO 技术。ADO 的一个特征（称为远程数据服务）是支持网页中的数据相关的 ActiveX 控件和有效的客户端缓冲。作为 ActiveX 的一部分，ADO 也是微软公司的组件对象模式（COM）的一部分，它的面向组件的框架用于将程序组装在一起。

ADO 从原来的微软公司数据接口远程数据对象（RDO）而来。RDO 与 ODBC 一起工作访问关系数据库，但不能访问如 ISAM 和 VSAM 等非关系数据库。

ADO 是对当前微软所支持的数据库进行操作的最有效和最简单直接的方法，它是一种功能强大的数据访问编程模式，从而使得大部分数据源可编程的属性得以直接扩展到你的 Active Server 页面上。可以使用 ADO 去编写紧凑简明的脚本以便连接到 Open Database Connectivity（ODBC）兼容的数据库和 OLE DB 兼容的数据源，这样 ASP 程序员就可以访问任何与 ODBC 兼容的数据库，包括 MS SQL SERVER、Access、Oracle 等等。

比如，如果网站开发人员需要让用户通过访问网页来获得存在于 IBM DB2 或者 Oracle 数据库中的数据，那么就可以在 ASP 页面中包含 ADO 程序，用来连接数据库。于是，当用户在网站上浏览网页时，返回的网页将会包含从数据库中获取的数据。而这些数据都是由 ADO 代码得到的。

ADO 向 VB 程序员提供了很多好处，包括易于使用、熟悉的界面、高速度以及较低的内存占用（已实现 ADO 2.0 的 Msado15.dll 需要占用 342KB 内存，比 RDO 的 Msrdo20.dll 的 368KB 略小，大约是 DAO3.5 的 Dao350.dll 所占内存的 60%）。与传统的数据对象层次（DAO 和 RDO）不同，ADO 可以独立创建。因此用户可以只创建一个 Connection 对象，但是可以有多个独立的 Recordset 对象使用它。ADO 针对客户/服务器以及 Web 应用程序做了优化。

ADO.NET 技术框架如图 9.3 所示。ADO.NET 提供了访问数据的统一接口。ADO.NET 包含连接到数据库、执行命令和检索结果等基本的数据库操作功能。对于检索结果，既可以直接处理，也可以将其存储在 DataSet 对象中。

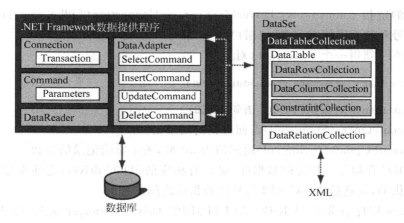

图 9.3 ADO.NET 技术框架

ADO.NET 类在 System.Data.dll 中，并且与 System.Xml.dll 中的 XML 类集成。当编译使用 System.Data 命名空间的代码时，可引用 System.Data.dll 和 System.Xml.dll。

9.2.3 JDBC

由于微软公司的数据库不是用 Java 语言编写的，但是我们需要用 Java 语言连接微软数据库，这样就要编写一个桥连接，使 Java 语言编写的代码也可以操作数据库。

JDBC-ODBC 这个桥连接就可以实现这一功能。建立一个 JDBC-ODBC 桥连接，由于建立桥连接时可能会发生异常，因此需要捕获这个异常。建立桥连接的标准如下：

```
try{
Class.forName("sun.jdbc.odbc.JdbcOdbcDriver");
}catch(ClassNotFoundException e){}
```

这里，Class 是包 java.lang 中的一个类，该类通过调用静态方法 forName 加载 sun.jdbc.odbc 包中 JdbcOdbcDriver 类建立 JDBC-ODBC 桥接器。

    static Class<?> forName(String className)

返回与带有给定字符串名的类或接口相关联的 Class 对象。

    static Class<?> forName(String name, boolean initialize, ClassLoader loader)

使用给定的类加载器，返回与带有给定字符串名的类或接口相关联的 Class 对象。

JDBC 全称为 Java DataBase Connectivity standard，它是一个面向对象的应用程序接口（API），通过它可访问各类关系数据库。JDBC 也是 Java 核心类库的一部分。

JDBC 的最大特点是它独立于具体的关系数据库。与 ODBC（Open Database Connectivity）

类似，JDBC API 中定义了一些 Java 类分别用来表示与数据库的连接（connections）、SQL 语句（SQL statements），其中有数据库链接结果集（result sets）及其他数据库对象，使得 Java 程序能方便地与数据库交互并处理所得的结果。使用 JDBC，所有 Java 程序（包括 Java applications、applets 和 servlet）都能通过 SQL 语句或存储在数据库中的过程（stored procedures）存取数据库。

数据库的链接 connections：DriverManager.getConnection("jdbc:orale:thin:@Ip 的地址及端口号和数据库的实例名","用户名","密码")

SQL 语句：获得一个 statements 对象：

statements stat = Connection.createstatements()

可以通过 statements 对象执行 SQL 语句，例如：

stat.executeQuery(String sql)返回查询的结果集。

stat.executeUpdate(String sql)返回值为 int 型，表示影响记录的条数。

通过 JDBC 存取某一特定的数据库，必须有相应的 JDBC driver，它通常是由生产数据库的厂家提供的，是连接 JDBC API 与具体数据库之间的桥梁。

通常，Java 程序首先使用 JDBC API 与 JDBC Driver Manager 交互，由 JDBC Driver Manager 载入指定的 JDBC drivers，以后就可以通过 JDBC API 存取数据库。

9.3 数据库应用系统的开发

本章的数据库应用系统开发以"学生选课管理信息系统"为例。该系统主要为学生提供选课功能和成绩查询功能，为教师提供课程信息的输入功能。主要功能包括系统管理、课程管理、用户信息管理、查询系统、选课管理和成绩管理。

系统管理主要实现用户和权限的管理，课程管理管理主要完成课程申请，课程信息的增删改功能；用户信息包括学生信息和教师信息的增删改功能；查询系统包括各种信息的查询；选课管理实现学生选课课程信息的管理；成绩管理实现教师登记学生的课程成绩，学生查看该课程的成绩；对于必修课，默认该班的同学全选，对于选修课，则由每个学生自己决定选修。具体功能结构图如图 9.4 所示。

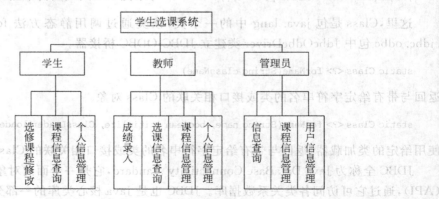

图 9.4 学生选课系统功能模块结构图

9.4 数据库设计

在数据库的设计过程中,要进行充分的数据需求分析,真正了解实际系统的应用需求,抽象出各种实体及实体之间联系的描述,以及各种完整性控制需求,这些信息形成需求分析阶段文档,为下一阶段的概念模式设计做好准备。

9.4.1 数据的需求分析

在数据库应用系统的设计中,前台主要完成功能需求,但功能需求是建立在后台数据库的基础上的,所以在功能需求分析的同时,也要进行数据库中数据的需求分析。

1. 实体的抽象

在学生选课系统中,针对上述主要的功能需求,系统需要包括的实体及其属性有:

课程:课程号、课程名称、课程描述、学分、开课系部、课程类型
教师:教师号、教师姓名、职称、所属系部
学生:学号、姓名、性别、专业、所属班级、所在系
班级:班号、班级名称、所属系部、学生人数

2. 实体之间的联系

在做了充分的需求问答和分析后,可以确定上述实体中存在下述联系:一位教师可以在一学期教授多门课程,一门课程可以由多位教师授课,班级信息用以区别多位教师授课同一门课程,一名学生可以选修多门课程,而一门课程可以由多名学生选修,学生选修了该门课程最终会有一个考试成绩。

3. 完整性控制需求

在需求分析阶段应对每个实体的相关属性的取值进行完整性需求定义。比如,课程类型的取值有"必修课""公共选修课""专业选修课";学生的性别只能是"男"或者"女"这两个值之一。这些完整性控制的需求因具体应用而不同,所以也需要在做需求分析时给出详细说明。

9.4.2 概念模式设计

概念模式设计的主要任务是根据需求分析的描述设计出 E-R 图。一般情况下,可以直接设计出系统的 E-R 图,但是如果系统比较复杂,存在很多实体与实体之间的联系描述,为了保证正确性,一般先设计出局部的 E-R 图,然后再综合为全局 E-R 图,当然,在合成全局 E-R 图的过程中必须消除重名冲突和结构冲突,以及数据冗余。

在学生选课管理信息系统中,涉及的实体为学生、班级、教师、课程,其中选课表示学生与课程之间的联系,授课表示班级、教师与课程之间的联系;学生与班级之间存在着从属联系。据此,该系统的 E-R 图描述如图 9.5 所示。

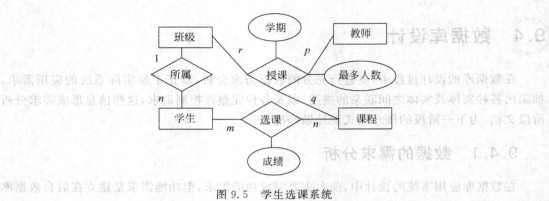

图 9.5　学生选课系统

9.4.3　逻辑模式设计

1. E-R 图到关系模式的转换

逻辑模式设计时会将概念模式设计阶段完成的概念模型转换成能被机器上安装的数据库管理系统所支持的数据模型,在本例中,就是将概念模式设计阶段生成的 E-R 图转换为关系模式。

从 E-R 图转换为关系模式时必须遵守第 2 章介绍的转换规则,具体的转换结果如下:

学生(<u>学号</u>、姓名、性别、班级)
课程(<u>课程号</u>、课程名称、课程描述、学分、开课系部、课程类型)
班级(<u>班号</u>、班级名称、所属系部)
教师(<u>教师号</u>、密码、教师姓名、职称、所属系部)
授课(<u>教师号、班号、课程号</u>、学期、最多人数)
选课(<u>学号、课程号</u>、成绩)

以上是根据 E-R 图到关系模式的转换规则生成的关系模式,其中标有下划线的属性或属性集表示的关系模式的主码。

2. 关系模式的规范化处理

在将概念模式转换为关系模式后,由于关系模式内各属性之间还有可能存在不正常的函数依赖关系,从而导致数据冗余和数据的不一致性,所以在逻辑模式设计的最后阶段需要进行规范化处理。

分析上述各个关系模式,由于各个非主属性和主码之间不存在部分依赖和传递依赖,并且每个关系模式里的决定因素都是主码,故上述的关系模式都属于 BC 范式。

9.4.4　物理模型的设计

物理结构设计阶段的任务是把逻辑结构设计阶段得到的逻辑数据库在物理上加以实现。主要内容是根据 DBMS 提供的各种手段和技术,设计数据的存储形式和存储路径,如文件结构、索引设计等,最终获得一个高效的、可实现的物理数据库结构。

本应用实例选用 Microsoft SQL Server 2008 作为数据库管理系统,具体的存储方式由数据库管理系统决定,由于选课系统中经常要根据具体的课程、具体的学生选课情况查询,因此应在选课表的学号属性和课程号属性上面建立索引。

9.4.5 数据库的实施

1．数据库的创建

Create database Student

2．表的创建

在创建表的同时应该考虑表中各个属性的数据类型、列级完整性约束、表级完整性约束等。

学生(学号、密码、姓名、性别、班级)
Create table 学生(学号 char(12) primary key,
        密码 char(8),
        姓名 sname varchar(10),
        性别 char(2) check(性别 = '男' or 性别 = '女'),
        班级 char(6) references 班级(班号))
课程(课程号、课程名称、课程描述、学分、开课系部、课程类型)
        Create table 课程(课程号 char(6) primary key,
        课程名称 char(20),
        课程描述 nchar(50),
        学分 int,
        开课系部 char(20),
        课程类型 char(8))
班级(班号、班级名称、所属系部)
Create table 班级(
班号 char(10) Primary key,
班级名称 char(20),
所属系部 char(20))
教师(教师号、姓名、密码、职称、所属系部)
Create table 教师(
        教师号 char(10) Primary key,
        姓名 char(8),
        密码 char(8),
        职称 char(6),
        所属系部 char(20))
授课(教师号、班号、课程号、学期、最多人数)
Create table 授课(
        教师号 char(10) references 教师(教师号),
        班号 char(10) references 班级(班号),
        课程号 char(6) references 课程(课程号),
        学期 char(6),
        primary key(教师号,班号,课程号))
选课(学号、课程号、成绩)
Create table 选课(
        学号 char(12) references 学生(学号),
        课程号 char(6) references 课程(课程号),
        成绩 int check (成绩>＝0 and 成绩 <＝100))

3. 视图的创建

根据需求,可能会经常查询计算机系学生的选课情况,因此可以建立计算机系学生的选课的视图。

```
Create view c_s
As
 Select 学号,姓名,课程号,课程名,成绩
From 学生,课程,选课
Where 学生.学号 = 选课.学号 and 课程.课程号 = 选课.课程号
```

4. 存储过程的设计

存储过程是一组 T-SQL 语句,它只需在创建时进行编译,以后每次执行存储过程不需再重新编译,而一般 SQL 语句每执行一次就编译一次,因此执行存储过程可以提高性能。

比如,课程成绩查询时,学生选课系统中频繁进行的一个操作,其具体过程是:给定学号和课程名称,查询该学生这门课程的成绩。

```
Create proc get_grade
  @sno char(12),@cname char(6)
  As
    Select 学号,姓名,课程名称,成绩
  From 学生,课程,选课
  Where 学生.学号 = 选课.学号
  And 课程.课程号 = 选课.课程号
  And 学号 = @sno and 课程名 = @cname
```

测试用例:

```
EXEC get_grade'201506222238','数据库原理与应用'
```

创建好存储过程后,在系统运行状态下,可以通过调用该存储过程实现对任意学生的选课课程的成绩查询,这样既减轻了代码的编写量,也提高了系统访问数据库的速度,从而提高了系统的整体性能,因此在数据库应用系统开发实践中应善于有效利用存储过程。

5. 触发器的设计

触发器的特点是自动触发、自动运行。利用这一特性,可以灵活处理很多事务。可以利用触发器完成更复杂的完整性约束,也可以对某些业务操作进行约束。

比如,在每个学生选取某门课程时,要计算该学期的修课学分是否超过了 20 分。

```
Create trigger num
Before on insert,update on 选课
As
If (sum(学分)
from 选课,课程
where 选课.课程号 = 课程.课程号
and 学号 = (select 学号 from inserted)and
```

```
学期 = (select 学期 from 课程,inserted where 课程.课程号 = inserted.课程号)
)> 20
Begin
Print '所选课程已经超过 20 个学分'
Rollback
End
```

在数据库应用系统的开发中,存储过程和触发器是很好的管理数据库和操作数据库的方法,应尽可能利用这些方法和技术完善自己的应用系统。

9.5 系统实现

本系统规模不大,但包括了此类项目的基本功能,例如数据库的查询、添加、删除和修改等。

1. 界面设计

一个数据库应用系统须完成一定的应用需求与功能。功能体现在用户的层面上是形象的操作界面。因此为了达到系统的设计目标,首先应将功能需求通过窗体设计以友好的操作界面体现出来。

1) 系统欢迎界面

本系统界面采用框架结构,把页面头、左边导航、右边正文放在不同的框架里面,当用户在左边导航选择不同的功能菜单时,只是在右边正文区刷新内容,这样做使得页面结构清晰,便于用户操作。

系统的首页面 index.jsp 在页面左边显示出 3 种身份登录的链接,便于不同用户清晰地看到登录的位置。不同身份的用户登录的用户名和密码提交到不同身份的数据库认证页面中,如学生用户登录提交到 login.jsp。当验证通过时,跳转到学生用户的页面,并把信息保存进 session 以供其他页面判断用户是否已经登录。欢迎界面如图 9.6 所示。

图 9.6 欢迎界面

2) 登录界面

登录界面对不同身份的用户提供不同的页面,最终提交到不同的认证页面。当验证通过时,跳转到用户使用页面。

以下以学生身份登录为例,如图 9.7 所示。教师和管理员身份登录页面类似。

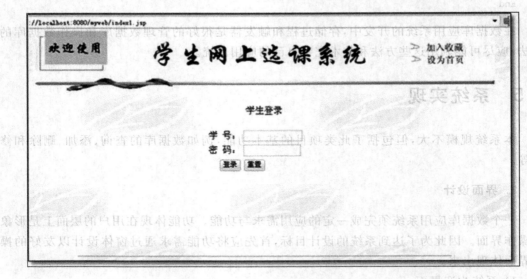

图 9.7 学生身份登录页面

学生登录的代码如下:

```
<body>
<%
request.setCharacterEncoding("GBK");
String strusername = request.getParameter("username");
String strpassword = request.getParameter("password");
String URL = "";
String strSQL = "";
enroll.useBean();
strSQL = ("SELECT * FROM 学生 where 学号 = '" + strusername + "'and 密码 = '" + strpassword + "'");
  //执行 SQL 语句
    URL = "Student/index.htm";
    ResultSet rs = enroll.executeQuery(strSQL);     //建立 ResultSet(结果集)对象
       if(rs.next()){
       response.sendRedirect(URL);                  //实现页面跳转
       session.setAttribute("s1",strusername);
       session.setAttribute("s2",strpassword);
       %>
       <%
       }
       else { %>
<script language = "javascript"> alert("账号或密码有误,请重新登录!");</script>
<meta http - equiv = "refresh" content = "1;URL = index.jsp">
    <% }
enroll.close();
```

```
        %>
</body>
```

2. 功能代码设计

1) 数据库连接

该系统用到JavaBean,并通过调用JavaBean实现数据库连接。
相关代码如下:

```java
package Bean;
import java.sql.*;
import java.io.*;
import javax.servlet.*;
import javax.servlet.jsp.*;
import java.util.*;
import javax.servlet.http.*;
public class useBean2{
//ServletRequest request;
//ServletResponse response;
//JspWriter out;
String Sd = "sun.jdbc.odbc.JdbcOdbcDriver";    //建立一个联接机
String Sc = "jdbc:odbc:xxx";                    //建立一个ODBC源
Connection con = null;                          //Connection 对象
ResultSet rs = null;                            //建立一个记录集
public void useBean(){
        try{
            Class.forName(Sd);                  //用classforname方法加载驱动程序类
        }catch(java.lang.ClassNotFoundException e){
        //当没有发现这个加载这个类的时候抛出的异常
            System.err.println(e);              //执行系统的错误打印
        }
    }
public ResultSet executeQuery(String sql){      //可以执行添加删除等操作
        try{
            con = DriverManager.getConnection(Sc);
            Statement stmt = con.createStatement(
                    ResultSet.TYPE_SCROLL_SENSITIVE,
                    ResultSet.CONCUR_READ_ONLY);
            rs = stmt.executeQuery(sql);
        }catch(SQLException er){
            System.err.println(er.getMessage());
        }
        return rs;
    }
    public int executeUpdate(String sql){       //数据库更新操作
        int result = 0;
        try{
            con = DriverManager.getConnection(Sc);
            Statement stmt = con.createStatement();
            result = stmt.executeUpdate(sql);
```

```
                    }catch(SQLException ex){
                            System.err.println(ex.getMessage());
                    }
                    return result;
            }
            public void close(){
                    try{
                            if(con!=null)
                                    con.close();
                    }catch(Exception e){
                            System.out.print(e);
                    }try{
                            if(rs!=null)
                                    rs.close();
                    }catch(Exception e){
                            System.out.println(e);
                    }
            }
    }
```

2）数据查询

以实现数据查询中"课程信息"为例介绍编码实现方法。运行界面如图9.8所示。

```
<table bgcolor="#CCCCFF" border="1" width="550" align
="center"><tr><td>选课</td><td>课程名</td><td>上课
教师</td><td>学分</td><td>学期</td></tr>
<%
Connection conn = null;
Statement stmt = null;
ResultSet rs = null;
try{
    Class.forName("sun.jdbc.odbc.JdbcOdbcDriver");
}
catch(ClassNotFoundException ce){
    out.println(ce.getMessage());
}
request.setCharacterEncoding("GBK");
String str = request.getParameter("searchinput");
if(str == null)
    str = "";
try{
    conn = DriverManager.getConnection("jdbc:odbc:xxx");
    stmt = conn.createStatement();
    rs = stmt.executeQuery("SELECT 课程名称,姓名,学分,学期 FROM 课程,授课,教师 WHERE 课程.
课程号 = 授课.课程号 and 授课.教师号 = 教师号 and 课程名称 LIKE '%" + str + "%'");
    while(rs.next()){
        String id = rs.getString("课程号");
        out.print("<TR><TD>"); %>
        <a href = insert.jsp?id=<% = id %>>选课</a></td>
        <%
```

图9.8 课程信息查询界面

```
                out.print("<TD>" + rs.getString("课程名称") + "</TD>");
                out.print("<TD>" + rs.getString("上课教师") + "</TD>");
                out.print("<TD>" + rs.getString("cadress") + "</TD>");
                out.print("<TD>" + rs.getString("ctea") + "</TD>");
                out.print("<TD>" + rs.getString("csc") + "</TD>");
                out.print("</tr>");
                if(!rs.next()) break;
            }
        }
    catch(SQLException e){
        System.out.println(e.getMessage());
    }
    finally{
        stmt.close();
        conn.close();
    }
%></table>
```

3）数据插入

以实现学生信息的添加为例，介绍编码实现方法。运行界面如图9.9所示。

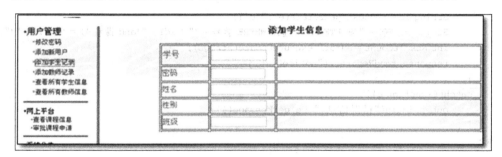

图9.9 添加学生信息

```
<%学生(学号、密码、姓名、性别、班级)
String 学号 = request.getParameter("学号");        //从表单获得
String 密码 = request.getParameter("密码");        //从表单获得
String 姓名 = request.getParameter("姓名");        //从表单获得
String 性别 = request.getParameter("性别");        //从表单获得
String 班级 = request.getParameter("班级");        //从表单获得
<%
    useBean2 enroll = new useBean2();
    enroll.useBean();
    String id = request.getParameter("id");
    String id1 = (String)session.getAttribute("s1");
    String strSQL = "INSERT INTO 学生" +
        "VALUES('" + 学号 + "','" + 密码 + "','" + 姓名 + "','" + 性别 + "','" + 班级 + "')";
    int ResultCount = enroll.executeUpdate(strSQL);
    //rs = smt.executeQuery(sql);
    //enroll.close();
%>
```

4）数据删除

以实现学生选课信息删除功能为例，运行界面如图 9.10 所示。

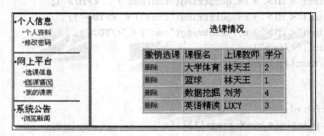

图 9.10　删除选课信息

```
<%
    useBean2 enroll = new useBean2();
    enroll.useBean();
    String 学号 = (String)session.getAttribute("s1");
    request.setCharacterEncoding("GBK");
    try{

        String id = request.getParameter("id");
        String strSQL = "DELETE FROM 选课 WHERE 学号 = '" + id1 + "'and 课程号 = '" + id + "'";
        int ResultCount = enroll.executeUpdate(strSQL);
        response.sendRedirect("noticeList.jsp");
    }
    catch(Exception e){
        out.println("错误信息:" + e.getMessage());
    }
%>
```

本章小结

本章从数据库的应用出发，讲述了数据库应用系统的体系结构以及多种应用系统连接数据库的方法。以学生选课系统为实例，讲述了数据库应用系统的设计及实现的过程。

习题 9

1. 什么是 B/S 结构？
2. 什么是 C/S 结构？
3. ODBC 由哪几个部件组成？分别有什么作用？
4. ADO 在数据操作中有什么作用？
5. 自选一个管理信息系统，对其数据库进行设计，通过应用程序连接数据库并实现对数据库的操作。

参 考 文 献

[1] 王珊,萨师煊.数据库系统概论[M].4版.北京:高等教育出版社,2006.
[2] 何玉洁,刘福刚.数据库原理及应用[M].2版.北京:人民邮电版社,2012.
[3] 杨冬青.数据库系统概念[M].6版.北京:机械工业出版社,2013.
[4] 宋金玉,等.数据库原理与应用[M].2版.北京:清华大学出版社,2014.

教学资源支持

敬爱的教师：

感谢您一直以来对清华版计算机教材的支持和爱护。为了配合本课程的教学需要，本教材配有配套的电子教案(素材)，有需求的教师请到清华大学出版社主页(http://www.tup.com.cn)上查询和下载，也可以拨打电话或发送电子邮件咨询。

如果您在使用本教材的过程中遇到了什么问题，或者有相关教材出版计划，也请您发邮件告诉我们，以便我们更好地为您服务。

我们的联系方式：

地　　址：北京海淀区双清路学研大厦A座707

邮　　编：100084

电　　话：010-62770175-4604

课件下载：http://www.tup.com.cn

电子邮件：weijj@tup.tsinghua.edu.cn

教师交流QQ群：136490705

教师服务微信：itbook8

教师服务QQ：883604

(申请加入时，请写明您的学校名称和姓名)

用微信扫一扫右边的二维码，即可关注计算机教材公众号。

扫一扫
课件下载、样书申请
教材推荐、技术交流